庫

アーキテクチャの生態系

情報環境はいかに設計されてきたか

濱野智史

筑摩書房

アーキテクチャの生態系

――情報環境はいかに設計されてきたか

はじめに

インターネットが社会に浸透してから、すでに十年以上の月日が経ちました。

その間、私たちは、インターネットという新しいメディアに、さまざまな「理想」や「夢」を託してきました。古くは「ニューエコノミー」に「IT革命」、そして近年であれば「Web2・0」。また「草の根ジャーナリズム」や「総表現社会」、そして「個のエンパワーメント」から「ライフハック」――経済論からメディア論、仕事術から人生論に至るまで、インターネットは大小様々の希望を語るための「よりしろ」となってきたのです。

その逆に、そうした「理想」はナイーブすぎるものであるという批判も、数多く見られました。しばしば用いられる「ネットの暗黒面」という形容とともに、それは「犯罪の温床」であるとか、「便所の落書き」であるなどといわれ、負のイメージを与えられてきたのです。

理想か反理想か。これはどちらかが正しいというものではありません。いまでもインターネットをめぐる言説のなかには、それぞれの論者の抱くイメージがそのまま投射されただけの、雑多な印象論にすぎないものが数多く見受けられます。ネットは広大です。それだから自分の都合のいいところだけをみつくろって議論することができてしまう。それゆえ、いまインターネットをめぐる議論は、肯定するオプティミズム（楽観論）と、否定するペシミズム（悲観論）の間に挟まれ、シーソーのように揺れ動いています。しかし、それでは軸足の立った建設的な議論を始めることができません。

また一方で、インターネットに関する書籍のなかには、いわゆる「マニュアル本」にすぎないものが多くあります。これらは、大抵次のような結論を示すに留まっています。「どんな技術も、使い方しだいで危険な結果をもたらす。だから節度を持って常識の範囲で使いましょう」と。しかし、そもそもインターネットは急速に社会に普及し、多くの人々が次々と使い始めたこともあって、いわゆる「常識」の存在も確固たる形では存在しません。繰り返せば、ネットは広大です。だから場所によっては「常識」が異なることもしばしばです。

このような状況下において、もはや私たちは、素朴にインターネットの良し悪しを語るわけにはいきません。はたして情報技術が社会にどのような変化をもたらすのか、その内実とメカニズムを適切に把握する必要があります。

これまで、その役割を担ってきたのが、（大きく分ければ）「情報社会論」と呼ばれる学問領域といえます。本書も、そのジャンルに属すことになるでしょう。

しかし、本書のアプローチは、従来の情報社会論とは大きく異なります。

かつて情報社会論は、壮大な歴史観をともなうものでした。農業社会・工業社会に次ぐ段階として、情報社会が訪れる。人類は、大量生産・消費社会の問題を、情報化（脱工業化）によって乗り超える。これらは、「現状」を認識するためのものというよりは、来たるべき未来を見すえるために、数百年単位の大局的な歴史観・文明史観を導こうとするものでした。

近年の情報社会論は、次のようなパターンを取るものが大半です。情報技術は、法・経済・政治・マスメディアといった社会の各サブシステムに甚大なる影響を与える、と。

たとえば法の場合であれば、著作権の問題があります。ごく簡単にいえば、情報技術は、情報財《コンテンツ》の複製《コピー》コストを著しく下げる。それゆえコンテンツの著作権保護が従来よりも困難になるため、法の問題に注目が集まりました。

あるいは経済の場合であれば、インターネットの出現によって、小売・流通業から広告・メディア業まで、従来とは異なるビジネスモデルや組織形態が可能になると語られてきました。近年では、アマゾンをはじめとするｅコマースや、グーグルの検索広告ビジネスが大きな注目と関心を集めてきたのは、周知のとおりです。

そして政治やマスメディアに関する議論においては、インターネットという双方向的《インタラクティブ》なメディアが登場してきたことが重要な変化をもたらすといわれてきました。なぜなら、これまで政治的なことがらは、「政治家」（代表制議会）や「官僚」（行政機構）に委ねるほかなかったわけですが、これからは、市民たちがネット上で直接議論を交わし、世論（民意）を練りあげていくことができる――いわゆる「直接民主制」に近い政治形態が可能になる――と一部では期待されてきたのです。

しかし、繰り返せば、本書はこうしたタイプの情報社会論とは大きく異なります。

本書の主題は、主に二〇〇〇年以降、インターネットという情報環境上に登場した、グーグル、ブログ、2ちゃんねる、ミクシィ、ウィニー、ニコニコ動画といったさまざまなウェブサービスを分析するというものです。筆者は主に社会（科）学の言葉を用いながら、それぞれのサービスが独自の「アーキテクチャ」として設計されている点に着目します（「アーキテクチャ」については第一章で詳説します）。その分析を通じて、それぞれが特有の「社会」――人々の相互行為《インタラクション》や慣習《コンベンション》のあり方――を織り成していることを明らかにしていきます。

本書には、各サービスに関する「マニュアル」に相当する内容も、そのサービス上で起きた代表的な事件も、重要人物も、ほとんど登場しません。主役はあくまで「アーキテクチャ」です。本書を通読することで、二〇〇〇年代に登場したこれらのサービスが、なぜ大量のユーザーを集めるに至ったのか、なぜ人々に受け入れられたのか、その背景を理解することができるでしょう。そこから、「どうすれば情報環境をよりよく設計できるのか」に関する知見と指針を得ることができるはずです。

本書のもう一つの主題は、「日本」に着目するということです。これまで、インターネットやウェブをめぐる議論や考察は、まず米国から輸入されるのが通例でした。そもそもインターネットという技術自体が米国で生まれ、その後日本に持ち込まれたこともあり、これはある意味で当然といえば当然のことです。

これに対し本書は、とりわけ二〇〇〇年以降、日本社会に特有の「アーキテクチャ」が生まれていったことを明らかにしていきます。これまで日本の情報社会は、米国のそれに比べて、「遅れたもの」として否定的に扱われることが多々ありました。しかし、情報技術と社会の関係を捉えるうえで、「日本」という場所の問題を考えることは、避けて通ることのできない視点だと筆者は考えています。

そのため本書は、二〇〇〇年代の主要な社会的事件はまったくといっていいほど取り上げていませんが、情報社会のあり方から見た「日本社会論」としても読める内容になっています。

「アーキテクチャ」に着目する。「日本」に着目する。これが本書のアプローチです。以下、その記述を開始していくことにしましょう。

目次

第五章　ウェブの「外側」はいかに設計されてきたか？ 169

第六章　アーキテクチャはいかに時間を操作するか？ 203

第一章
アーキテクチャの生態系とは？

ゼロ年代のウェブの風景

本書の内容は、主に二〇〇〇年代に登場したネットコミュニティやウェブサービスについて分析するというものです。具体的なサービス名を挙げれば、「グーグル」「2ちゃんねる」「はてなダイアリー」「ミクシィ」「ユーチューブ」「ニコニコ動画」といったものです。

さらに本書では、いわゆる「ウェブサイト」（ウェブブラウザを通じて利用できるコンテンツ）の形は取っていないものの、「インターネット」上のアプリケーションであるところのP2Pファイル共有ソフトウェア「ウィニー」や、仮想空間サービス「セカンドライフ」なども取り上げていきます。

いま、ざっといくつかの名前を挙げましたが、これらをひっくるめて総称するための言葉には、あまりいいものがありません。かつて二〇〇〇年前後、これらの存在は「ネットコミュニティ」や「オンラインコミュニティ」などと呼ばれていました。文字通り、ネット上にたくさんの人々が集まっていることを指してつくられた言葉です。しかし、これらの言葉は、次第に使われなくなりました。

むしろここ数年は、特にブログやユーチューブのことを、「ＣＧＭ」（Consumer

Generated Media＝消費者生成メディア）や「ＵＧＣ」（User Generated Contents＝ユーザー生成コンテンツ）などと総称することが多くなりました。要するに、新聞やテレビや映画やＣＤといった「プロフェッショナル」がつくるメディアやコンテンツではなく、これまでそれを消費し、使うだけの存在だった「一般利用者」（アマチュア）の側が、ネットを通じてコンテンツを発信していくようになった。――ざっとそのような事実認識を言葉にしたのが、ＣＧＭやＵＧＣという呼び名です。

いかに社会的なソフトウェアを追うか

これに対して本書では、ブログやＳＮＳといったウェブサービス群のことを、「グループウェア」を元につくられた造語、「ソーシャルウェア」という言葉で区別して呼んでおきます。グループウェアというのは、ある特定のグループが共同で（そして協働するために）用いるソフトウェアを指したものですが、ソーシャルウェアというのは、その利用者の規模が「社会」にまで拡大したことを表わしています（具体的には、数十・数百万以上のユーザーを集めていることがおおまかな目安になります）。

とはいうものの、筆者は、この呼び名自体を新たなバズワードの一つとして普及させたいと考えているわけではありません。基本的に本書が扱うのは、世の中でネットコミユニティやCGMなどと呼ばれてきたものと同一の対象ですから、わざわざ別の名前をつけて呼ぶ必要はない。しかし、あくまで筆者はブログやSNSなどを「社会的《ソーシャル》」な「ソフトウェア」として捉えるために、この呼び名を採用しています。

それはどういうことでしょうか。これから本書では、ネットのことを「メディア」として捉えるのではなく、「アーキテクチャ」として捉えていきます。アーキテクチャとは、英語で「建築」や「構造」のことですが（その語源はギリシャ語の「始原《アルケー》」の「技術《テクネー》」です）、筆者はこの言葉を、ネット上のサービスやツールをある種の「建築」とみなすということ、あるいはその設計の「構造」に着目する、という意味で用いています。

ネット上のウェブサービスもまた、情報技術（ＩＴ）によって設計・構築された、人々の行動を制御する「アーキテクチャ」とみなすことができます。いいかえれば、ウェブサービスは物理的な実体を伴ってはいませんが、複数の人々がなんらかの行動《アクション》や相互行為《インタラクション》を取ることができる、「場」のようなものと捉えてみることができます。[1] こうした観点から捉えてみると、ブログやSNSなどのウェブサービスは、その情報ネットワーク上に構築された「場」が、ある種の「社会」と呼べる程度にまで巨大化した「ソーシャルウェア」といえるのです。

ただし、この本で筆者は、いわゆる情報工学的なアプローチに基づいて、アーキテクチャの「設計法」について論じるわけではありません。つまり本書は、たとえばブログやSNSのようなソフトウェアを、工学的な観点からどのように設計すればよいのかについて解説した本ではないのです。それでは、どのような立場と関心から、本書はネットのアーキテクチャに目を向けているのでしょうか。

「アーキテクチャ」からのアプローチ

アーキテクチャという言葉は筆者オリジナルの概念ではありません。それは主に情報社会論の領域から提出されたのですが、まだ数年単位の議論しかなされていません。そのため、その概念をめぐる議論の系譜は、哲学・政治学・経済学のように、長い年月を経た学問的蓄積があるわけではありません。

しかし、このアーキテクチャという概念は、間違いなく二一世紀の社会にとって、重要な概念になると筆者は考えています。以下、少し長くなりますが、とても重要な議論ですので、簡単に、かつ十分に説明しておきたいと思います。

まず、アーキテクチャという概念の来歴から触れておきましょう。この「アーキテクチャ」という用語は、米国の憲法学者ローレンス・レッシグが『CODE』（二〇〇一年）のなかで論じたものです。レッシグは、このアーキテクチャという概念を、規範（慣習）・法律・市場に並ぶ、人の行動や社会秩序を規制《コントロール》するための方法だといいます。その後、この概念は、日本の哲学者・東浩紀氏によって、ミシェル・フーコーやジル・ドゥルーズといったフランス現代思想の論者たちの権力論とひきつけながら、「環境管理型権力」と概念化されています。〔2〕

それでは、アーキテクチャはどのような点において、新しい「規制」あるいは「権力」なのでしょうか。具体例を出してみましょう。たとえば、近年大きな問題となっている、飲酒運転の問題があります。基本的に、飲酒運転は、悲惨な事故を引き起こす「悪い」ことだと考えられています。日本では、教習所に入ると、飲酒運転で人生が真っ暗になってしまった人のドキュメンタリー風ドラマを鑑賞し、「飲酒運転＝悪」という考えをあらためて確認する機会が設けられています。レッシグの言葉を借りれば、こうした人々の価値観や道徳心に訴えかける規制方法のことを「規範」と呼ぶことができます。

さらに、飲酒運転には、道路交通法という法律によって罰則が規定されており、飲酒運転を行なった者は、罰金が一〇〇万円以下、免許資格の停止または取り消し／剝奪を定める点数が一三～三五点、という形でムチが設定されています。このムチを受けてしまうのは大きな生活上の痛手になってしまうと判断し、人は飲酒運転という行為をしないように努めます。これが「法律」による規制です。

また日本では、近年、飲酒運転の罰金が高額に引き上げられましたが、これは人々の「そんなに罰金が取られてしまうのはもったいないから、飲酒運転は自制しよう」という判断に訴えかけることが期待されています。これは厳密にいえば間違いですが（飲酒運転の罰金は、一般的に考えれば市場を通じた物やサービスの「売買」にはあたらないため）、ある種の「経済感覚」に響いているという点で、「市場」による規制ということができるでしょう。

しかし、それでも飲酒運転をする者が絶えない。それは由々しき問題である。そう昨今では考える人が増えているように思われます。そこでさらなる厳罰化が検討されているわけですが、それもはたしてどこまで有効なのかわかったものではないと人々は考え始めています。

そこで現在、導入に向けて前向きに検討されているのが、「自動車にアルコールの検知機能を設置し、そもそも飲酒している場合にはエンジンがかからないようにする」という規制方法です。この手法を導入すれば、基本的に飲酒運転による事故は一〇〇パーセント防ぐことができます。なぜなら、飲酒をするということが、そのまま運転することができなくなることに直結するからです（現実には抜け穴がたくさん開発されてしまうのかもしれませんが……）。

この最後の規制方法が、レッシグの論じる「アーキテクチャ」に相当しています。「規範」や「法律」という規制方法が有効に働くには、規制される側が、その価値観やルールを事前に「内面化」するプロセスが必要になりますが、「アーキテクチャ」は、規制される側がどんな考えや価値観の持ち主であろうと、技術的に、あるいは物理的に、その行為の可能性を封じてしまうのです。

日常生活の密かなコントロール

ただし、実はこの飲酒運転の例だけでは説明が不十分です。もう一つ、レッシグが挙げているアーキテクチャの特徴は、規制されている側がその規制（者）の存在自体に気づかず、密かにコントロールされてしまう、というものです。上の「アルコール検出装置」の例では、規制が存在していることは、誰の目にも明らかです。しかし、より巧妙に規制が仕組まれるケースがありえます。

たとえば社会学者の宮台真司氏は、レッシグの議論を受けて、ファーストフード店の椅子の堅さ・BGMの大きさ・冷房の強さといった例を挙げています。[3] 椅子をふかふかのソファにするのではなく、堅い材質のものにしておけば、なんとなく居心地が悪いので、お客さんは長居しなくなります。さらにお店が混雑してきたら、BGMの音量を上げ、冷房を強めることで、お客さんが気づかない程度に店内の不快指数を引き上げ、ひいては店の回転率を向上することができる、というわけです。お客さんの側は、「実はそういう操作が裏で行なわれているんだよ」といわれなければ、その事実に気づくのは難しいでしょう。

　そしてレッシグは、商業化の進むインターネットの世界では、こうした「アーキテクチャ」という規制方法によって、それを設計する側の都合のいいように、ほしいままに変更されてしまう危険性を指摘しました。

　その最たる例が、デジタル・コンテンツの不正コピーを制限・管理するＤＲＭ（電子著作権管理）技術、たとえばコピーコントロールＣＤ[4]やコピーワンス[5]などの存在です。著作権違法をどれだけ厳罰化し、それが罪だと教育しても、Ｐ２Ｐやユーチューブへの不正コピー流出はなくならない。であるならば、そもそも技術的にそれをできないようにしてしまえばいい、というわけです。このように、不完全なものに留まってしまう法律による規制を、情報空間上で完全に機能させようとすることを、法学者の白田秀彰氏は、「法の完全実行」と呼んでいます。[6]そしてレッシグは、『ＣＯＤＥ』を世に問うた後に、こうした著作権保護の「完全実行」が、自由な著作物の創造や表現を阻害してしまう可能性があると批判し、その自由を積極的に擁護していくためのプロジェクト、「クリエイティブ・コモンズ[7]」の活動に着手していきました。

アーキテクチャの可能性を追う

さて、以上に述べたような「アーキテクチャ＝環境管理型権力」という概念をいま一度要約しておけば、その要点とは、

①任意の行為の可能性を「物理的」に封じてしまうため、ルールや価値観を被規制者の側に内面化させるプロセスを必要としない。
②その規制（者）の存在を気づかせることなく、被規制者が「無意識」のうちに規制を働きかけることが可能。

という二点にまとめられます。

さらにつけ加えておけば、一点目の特徴は、時間が経過するにつれて、二点目の特徴を帯びるようになります。先に出した「アルコール検出装置」の例のように、その規制方法が登場した当初は、その存在は誰の目にも明らかです。ある日突然、いつも通っていた道に壁ができるようなもので、それまで存在しなかった規制が登場するのですから、規制される側はそれをうっとうしいと感じることができます。しかし、その規制が登場

してしばらくの年月が立つと、それは「物理的」な制約から「自然」な制約へと変化します。ＤＲＭ技術の数々も、登場当初はうっとうしいものに感じられたかもしれませんが、はじめからその存在が当たり前になっている世代から見れば、それはあまりにも自然なものとして受け入れられてしまうかもしれないのです。

ただし、本書では、こうした「アーキテクチャ＝環境管理型権力」の概念は継承するものの、その論考の方向性は、レッシグとは大きく異なっています。

本書で筆者は、「環境管理型権力に抵抗する」というような図式で議論を行なうことはしません。さしあたり、レッシグが著作権管理強化の動向に抵抗したようには、何か「抵抗の論戦」を張ることはありません。その理由は簡単で、少なくともブログやＳＮＳのようなソーシャルウェアと呼ばれる世界に限ってみれば、国家や大企業のような存在が、「アーキテクチャによる規制を密かに私たちの世界に忍ばせてきている」という状態にはないからです。

むしろ筆者は、「アーキテクチャ＝環境管理型権力」が持つ「いちいち価値観やルールを内面化する必要がない」「人を無意識のうちに操作できる」といった特徴を、より肯定的に捉えて、むしろ積極的に活用していくこともできるのではないか、と考えています。それがレッシグのいうように、法律や市場といったものと並ぶ「社会秩序」を生み出す手法の一つであるならば、私たちはアーキテクチャを用いた社会設計の方法について、いままでにないさまざまな方法を実現する可能性を持っているということです。

アーキテクチャにせよ、環境管理型権力にせよ、それらは「人に何かを強制的に従わせるもの」という概念規定がなされています。すると不思議なもので、人は「権力」という言葉を聞くと、それに抵抗しなければならないと考えてしまう。それは何か私たちの自由や主体性（自由意志）を奪ってしまっているような気がしてしまう。これを「権力バイアス」あるいは「権力と自由のゼロサム理論」と呼んでみてもいいのかもしれません[8]。

本書は、少しでもそこから自由になって考えてみたい――少なくとも、何か「悪い人」たちがそのアーキテクチャによるとんでもない支配の方法に着手するよりも前に（なんだか陰謀論のようでいやですが）、自由にその議論を展開し、多様なアーキテクチャのあり方について知っておくにこしたことはない。これが本書のスタンスです。

アーキテクチャの生態系マップ

最後に、本書全体の見取り図として、「アーキテクチャの生態系マップ」（本書口絵）について解説します。

このマップは、主に二〇〇〇年以降、本書が題材とするさまざまな種類のソーシャルウェアが――たとえば検索エンジン・ブログ・SNS・P2P・動画共有サービスなど――あたかも生態系を織り成しているかのように出現したというイメージにそって、一枚の図に表わしたものです。マップ上の各領域には、本書の章番号が割り振られており、インデックス（目次）にもなっています。

おそらく二〇〇〇年代のウェブの光景は、これまでの、そしてこれからのインターネットの歴史のなかでも、とりわけ大衆的なレベルでインターネットというインフラの普及が急速に進展したことによって、種々様々なアプリケーション（ソフトウェア）が登場した時代として記憶されることでしょう。このマップは、その多様な生態系の進化の歴史を、次のようなロジックで図示しています。

本図の大きな軸を構成しているのが、図の下の方から上に引かれた「時間軸t（time）」です。いわゆる一般的な歴史年表とは異なり、系統樹のように、図の下から上に向かって時間が流れています。

そしてこのマップには、①大きな「台地」のような領域、②その上に小さく乗っている「島」のような領域、③細い線でふわふわと浮いている「風船」のような領域、という三つの要素が散らばって描かれています。それは次のようなロジックによって、ソーシャルウェアが「分化」あるいは「進化」していることを表わしています。

まず、あるソーシャルウェアが大量のユーザーを抱えていくことで、マップ上に占める領域を拡大していきます。このプロセスは、「利用者が多くなればなるほど利便性が増す」という性質、いわゆる「ネットワーク外部性[9]」を次第に蓄積していく段階に相当しています。

その蓄積過程があるレベルを突破すると、ソーシャルウェアは「台地」へと変化します。これはいいかえれば、次世代のソーシャルウェアにとっての「プラットフォーム」（基盤）になるということです。

その台地の上には、また別の新たなソーシャルウェアが生まれてきます。一つは、先行世代（旧世代）のソーシャルウェアが普及していることを前提に、それと協調・連携するようにして動作するソーシャルウェアが登場するというパターンです。このとき、後続世代（新世代）のソーシャルウェアは、先行世代の台地の上に完全にマウントした形で、つまり一世代前の生態環境に組み込まれた形で、発生しています。このパターンを、本図では台地の上にぽっかりと浮かぶ「島」のように描いています。

あるいは、その「台地」からは枝分かれする形で、まったく別の独立した情報圏が形成される場合もあります。これは先行世代のソーシャルウェアが、あるタイプのユーザーから見ればなんらかの問題（や機能の不足）を抱えているとみなされた場合、その問題を新たに解決するものとして、新たなソーシャルウェアが人々に受け入れられるというパターンです。こちらは、細い管のようなものが台地から伸びていく「風船」のように作図されています。

ソーシャルウェアが「台地」のように成長し、その上にまた別の「島」が生まれ、あるいはまたまったく別の場所に、「風船」のような閉鎖系が形成される。こうした一連の「進化」の過程を、国際標準化機構（ＩＳＯ）が策定した「ＯＳＩ階層モデル」[10]と、「生態系」や「系統樹」の比喩をかけあわせることで表現したのが、「アーキテクチャの生態系マップ」になります。

それでは、いよいよ次章から、その生態系に分け入っていくことにしましょう。

〔1〕本書では、ローレンス・レッシグの提唱した概念「アーキテクチャ」に依拠したうえで、ソーシャルウェアを「メディア」ではなく「場」とみなす立場を採用します。これに比較的近いのが、ブレンダ・ローレルの『劇場としてのコンピュータ』（一九九二年）です。同書でローレルは、コンピュータとインターフェイスとユーザーという、インタラクティブな三者間の関係をデザインするにあたって、「劇場」あるいは「演劇」の比喩が有用だと論じています。ただし本書は、〈アーキテクチャ＝無意識に作用する規制〉という定義を採用するため、〈人々が意識的に行動や感情移入を行なう〉点を重視するローレルの演劇モデルを採用することはしません。また、「サイバースペース」（電子ネットワークを場所として表象すること）をめぐる哲学的問題については、約十年前に書かれた、東浩紀「サイバースペースはなぜそう呼ばれるか」『情報環境論集』

（二〇〇七年）が啓発的です。
〔2〕東浩紀「情報自由論」『情報環境論集』講談社、二〇〇七年、所収。http://www.hajou.org/infoliberalism/
〔3〕宮台真司＋鈴木弘輝＋堀内進之介『幸福論』NHKブックス、二〇〇七年。
〔4〕「コピーコントロールCD」（CCCD）とは、音楽用CDのデータをパソコンに取り込むこと（リッピング）を防ぐために、特殊な処理が施されたCDのことです。二〇〇〇年代の前半には、各種レコード会社に採用されていましたが、これに対する反対の声も大きく上がり、現在ではコピーコントロールCDの採用を緩和・撤廃した企業も多いのが現状です。
〔5〕「コピーワンス」とは、二〇〇四年から、日本のデジタル放送にかけられていた「コピー制限」の仕組みのことです。名称のとおり、「ハードディスク・レコーダーなどに録画した番組は、DVDなどの他媒体に一回だけコピーすることができる」「コピーすると、コピー元にはデータは残らない（ハードディスク・レコーダーのデータは消失する）」というルールになっていました。しかし、そのルールの厳格さに対しては、不満の声もかねてから大きく上がっており、二〇〇八年からは、コピー制限の条件を緩和した、「ダビング10」と呼ばれる仕組みが導入されました。
〔6〕白田秀彰「情報時代の保守主義と法律家の役割」『ised@glocom（情報社会の倫理と設計についての学際的研究）』倫理研第二回、二〇〇五年。
〔7〕「クリエイティブ・コモンズ」（Creative Commons）では、インターネット上の自由な創作・創造活動を推進するために、「クリエイティブ・コモンズ・ライセンス」（CCライセンス）の公開・提供を行なっています。CCライセンスは、原著作者が自らの創作物の利用条件に関す

る「ライセンス」（契約書）をあらかじめ提示するための仕組みです（たとえば「商業利用を目的とした改変は認めないが、非営利目的であれば自由に使ってOK」というように）。
〔8〕バイアスとは、人が無意識のうちに取りがちな発想や行動のパターンや傾向のこと。「権力と自由のゼロサム理論」とは、権力が増えれば自由は減衰し、その逆に、自由が増えれば権力は減衰するというように、権力と自由の間に「ゼロサム」（和がゼロになる）の関係が成り立っていると考える図式のこと（参考として、宮台真司『権力の予期理論』一九八九年）。
〔9〕「ネットワーク外部性」（network externality）とは、経済学の用語で、たとえば「電話」や「SNS」のように、ある財やサービスの利用者数が増大すればするほど（普及率が高くなるほど）、利用者にとってのメリットが増大することを指します。類似用語で、「ネットワーク効果」「バンドワゴン効果」などがあります。ちなみに「外部性」とは、市場を媒介せずに、ある経済主体の行為が他の経済主体に及ぼす影響のことを指しています。
〔10〕「OSI階層モデル」とは、ネットワーク通信技術が持つべき機能を、七つに分割された階層（レイヤー）構造によって定義したもの。ISO（国際標準化機構）の標準化規格、「OSI」（Open Systems Interconnection）に基づいて作成されました。たとえば「ウェブ」というネットワーク技術を見てみれば、HTTPというアプリケーション層（第七階層）の通信プロトコルがあり、その下に、TCPというトランスポート層（第四階層）、IPというネットワーク層（第三階層）があって、さらに無線LAN／イーサネットといった「データリンク層」（第二階層）、電話／光ケーブルといった「物理層」（第一階層）がある、という構造があります。アーキテクチャの生態系マップでは、こうした階層構造モデルにおける、「下の層が上の層を支えていく」というイメージを参考にしています。

第二章
グーグルはいかに
ウェブ上に生態系を築いたか？

Web2.0／Google／ブログ

Web2・0とはなんだったのか？

まず本章では、主に二〇〇〇年代前半にかけて広く普及したソーシャルウェアとして、グーグルやブログについて論じます。いわゆるWeb2・0と呼ばれる現象が注目される、ちょうど直前までのウェブの状態を取り上げる、といったほうがわかりやすいかもしれません。

ちなみに、二〇〇〇年前後という時期——Web1・0とでもいえばいいのでしょうか——というのは、インターネットの存在がかなり社会に浸透してきた頃に相当しています（ちなみに、日本のインターネット普及率が世帯別で五割を超えたのは二〇〇一年のことでした）。その前後のエポックメイキングな出来事を挙げていくと、NTTドコモのiモードが始まったのが一九九九年、アマゾンが日本でオンラインショッピングのサイトを開始したのが二〇〇〇年、そしてADSLのヤフーBBがサービスを開始したのが二〇〇一年です。

インターネットの存在が急速に普及する一方で、まだまだ回線速度はそれほど速くはなく、主にウェブ上ではテキスト情報が中心にやり取りされていたのが、この時代の情報環境の基本的な性質でした。そうした状況のなかで、グーグルやブログといったソーシャルウェアがどのようなものとして出現し、普及するに至ったのかを見ていくのが、本章の主なテーマです。

ただし、これらのサービスやツールについては、おそらく読者の皆さんもよくご存じでしょうし、普段から利用しているという方も多いでしょう。ですからこの章では、それらのサービスを単に説明することは必要最低限に留めて、なるべく本質的な点だけを議論したいと思います。

ごく簡単なウェブの歴史

まず本章では、「WWW」（World Wide Web＝以下「ウェブ」と表記）の説明を簡単にしておきたいと思います。

ウェブの特徴は、よく知られているように、「ハイパーリンク」や「ハイパーテキスト」、つまり「複数の文書間を〈ジャンプ〉できるようにする」という仕組みにあります。ただし、その発想自体は、ウェブの登場以前からも存在していました。米国の技術者ヴァネヴァー・ブッシュが一九四五年に発表した「われわれが思考するごとく」という論文には、ウェブの原型となるアイデア「メメックス」[1]が示されており、それに影響を受けたテッド・ネルソンやダグラス・エンゲルバートらが、一九六〇年代にその仕組みの実装を始めた……という歴史的経緯は、いまでは教科書的な史実としてよく知られています。[2]

一九八〇年代後半、イギリスの科学者ティム・バーナーズ＝リーが開発した「ウェブ」は、こうした「ハイパーテキスト」の発想を、「インターネット」という通信システムと組み合わせることで生み出されました。これもよく知られている史実ですが、当時のバーナーズ＝リーはCERN（欧州原子核研究機構）という研究機関に所属しており、世界中には、彼と同じように大学や研究所に所属して同じ研究をする研究者が数多くいました。そこでバーナーズ＝リーは、インターネットを通じて論文などの文書情報を効率的に公開・共有できないかと考えたのです。

その考えはこういうものでした。もちろん、いまでいう電子メールのような仕組みを使って、研究者間で文書のファイルをやり取りしてもいいのですが、しかしこれでは、新しい文書を作成するたびに毎回ファイルのやり取りをしなければいけないので非効率です。電子メールでファイルをひんぱんにやり取りしたことがある人ならおわかりでしょうが、この方式だと、複数のバージョンがばらばらに拡散してしまい、最新のバージョンがちゃんと皆に行き渡っているのかがわかりにくくなってしまいます。

それならば、どこか一カ所のサーバに文書ファイルを集約しておけばいいという発想になるわけですが、今度は、その「一カ所」のサーバを誰が管理・整備するのかという問題が出てきます。当時、まさにこうした問題を解決するために、「WAIS」「Archie」といった分散型の文書検索システムも存在していましたが、これも結局、複数のサーバに分散して存在するファイルの「索引」を常にメンテナンスせねばならず、あまり効率的とはいえなかったのです〔3〕。

ではどうすればいいのか。もともとインターネットというのは、「自律・分散」型のシステムといわれるように、基本的にはばらばらの場所にコンピュータが設置され、それぞれ別の管理者がそのサーバを管理し、その間を相互にネットワークで結んでいく、という仕組みになっています。そこでバーナーズ＝リーは、各研究者が自分の管理しているサーバ上に自分の文書を設置しておいて、ほかの研究者が必要なときに読みに行く（取りに行く）、という仕組みにしておけばいいだろうと考えました。これがウェブの基本的な発想です。

そして、「どこのサーバにどんなファイルがあるのか」というデータの所在を表現するための仕組みとして、「ハイパーリンク」なり「URL」なりが実装されたのです。「日本のインターネットの父」とも呼ばれる村井純氏は、『インターネット』のなかで、ウェブのリンクの仕組みを次のように説明しています。

ある情報を考えた人が、その情報に関してはくわしい人なのだから、その人が知っている必要な情報をお互い指さすことにしよう。これがどんどん発展していけば、必要な情報は、この指さしている方向をたぐっていけば集めることができるし、しかもその仕組みが、平均に分散したみんなの努力でできる。

（村井純『インターネット』一九九五年）

つまり、世界中に散らばったファイルから、「ここにあるよ」と必要な情報を指さし、そこにすぐにジャンプして取り出せる仕組みとして、ウェブおよびハイパーリンクは構想されたということです。

グーグル登場のインパクト

その後のウェブの歴史においては、文章だけではなく画像なども表示することができる「ウェブブラウザ」が登場し、さらにインターネットが大学の研究者の間だけではなく一般ユーザーの間にも浸透していくことで、次第にその利用者を増やしていくことになりました。そのことは、いまでも「インターネット」といえば、イコールで「ウェブ」のことを意味するようになったことからもわかります（実際には、前者は通信層を、後者はそのうえで作動するアプリケーション層の一つを指すため、インターネット＝ウェブというわけではありません）。

さて、九〇年代のウェブのありようを象徴している言葉に、「ネットサーフィン」という「死語」があります。いまではほとんど聞かない言葉ですが、これは要するに、「波乗り」のように次々とウェブ上のハイパーリンク（以下、「リンク」と表記）をクリックして、あちこちのウェブサイトを辿っていく様子をいい表わしたものです。

しかし、この「ハイパーリンク＝指さし」という情報共有の方法は、その文書の数が増えれば増えていくほど、その処理できる情報の量に限界が出てきます。いわゆる「認知限界」（ハーバート・A・サイモン）の問題です。要するに、文書ファイルの数がたくさんありすぎると、どこに何があるのかを探したり、「これだよ」と指さしたり、指さしてもらったファイルを見たりするのに、人の認識能力では限界が出てくるわけです。そこで検索エンジンという仕組みが新たに登場してきました。

この当時、検索エンジンといえば「ヤフー」「インフォシーク」「goo」といったものがありましたが、人力で収集されたリストなので情報量が足りなかったり、検索技術がまだ未熟だったりと、基本的にはあまり性能がよくありませんでした。そのため、「ウェブサーフィン」の時代は、一つでも自分が気になったホームページを見つけたら、そこから「リンク集」を辿って、また次のホームページを探していくという閲覧方法が一般的だったのです。

これが、グーグルの登場によって劇的に変化しました。グーグルは二〇〇〇年よりも前に、米国でその原型となる検索サービスの運営を開始していましたが、ちょうど日本でもグーグルがクチコミで知られるようになったのが、二〇〇〇年前後のことでした(日本法人が設置されるのは二〇〇一年)。ちなみに筆者が初めてグーグルに触れたのは二〇〇〇年で、大学の先輩から、クチコミ的に教えてもらった記憶があります。

当時、筆者が何よりも驚いたのが、あまりにも的確な検索結果が表示されるということでした。すぐにブックマーク(ウェブサイトのアドレスを記録しておく機能)に追加して、ブラウザを立ち上げた際に自動で表示されるページに指定しました。いまではあまりに当たり前のことになってしまいましたが、それだけグーグルは、当時他にも多数あった検索エンジンに比べて、圧倒的に正確な結果を返すという印象を与えたのです。

ページランクという仕組み

さて、こうしたグーグルの検索結果の精度を高めているのが、よく知られているように、「ページランク」と呼ばれる仕組みです。

その仕組みについては、すでに数多くの解説がありますので、ご存じの方も多いと思います。ざっと三段階に分けて説明すると、①まずグーグルは、ウェブ上に膨大に存在するウェブサイトの「リンク構造」（どこからどのサイトにリンクが貼られているのか）を、「ボット」と呼ばれる自動巡回プログラムによってつぶさに追跡し、②「数多くのページからリンクされているページは重要とみなす」「そのなかでも重要なウェブページからリンクされているページは、より重要なものとみなす」といったアルゴリズム（計算方法）に従って、膨大なウェブページのランクづけを行ない、③基本的にはページランクの高いものから、グーグルの検索結果の上位に表示していく、というものです。[4]

とりわけ重要なのは、②番目の重要性をランクづけする手法です。それが画期的だったのは、ウェブページに書かれた「内容」によって重要性を判定するだけではなく、ハイパーリンクという、文章の「内容」とは直接関係のない部分に着目した点にありました。ハイパーリンクを見ていくだけで重要度が判定できますから、基本的には英語だろうが、日本語だろうが、同じウェブ上に書かれた文章を検索対象にしていれば、まったく同じ仕組みで重要度を判定できる点も強みでした。

さて、このページランクの仕組みは、実際にはグラフ理論などの数学的手法によって記述されるのですが、それでは一般の人にはわかりにくいということで、さまざまな比喩によって説明されてきました。

たとえばグーグル自身は、この仕組みを「投票」にたとえています。

ページAからページBへのリンクをページAによるページBへの支持投票とみなし、Googleはこの投票数によりそのページの重要性を判断します。しかしGoogleは単に票数、つまりリンク数を見るだけではなく、票を投じたページについても分析します。「重要度」の高いページによって投じられた票はより高く評価されて、それを受け取ったページを「重要なもの」にしていくのです。

（「Googleの人気の秘密」グーグル・ホームページより）

こうしたグーグルの「投票」にたとえた仕組みは、それまで検索エンジンの代名詞的存在だったヤフーの「ディレクトリ登録制」、つまりヤフーの運営側が「重要」と思われるページを審査・判断したうえで、検索対象リストに登録していく方式に比べて、「民主主義的」と形容されることもあります。つまり、ディレクトリ（検索対象一覧）の管理者だけが実権を握る仕組みに比べて、ユーザーが誰もが自由に重要度を「投票」できるグーグルの仕組みのほうが、公平で開かれているというわけです。

またウィキペディアの「ページランク」の項目をひもといてみると、そこには「ページランクアルゴリズムの発想は、引用に基づく学術論文の評価に似ている」と書かれています。学術論文の世界では、どれだけ他の論文から引用されたのかを表わす「被引用数」が、その論文の重要度を測るバロメーターとして使われています。これはもともとウェブが論文などの公開・共有システムとして開発されたことを考えれば、自然な比喩ということができるかもしれません。

こうしたグーグルの存在を日本語圏で広く知らしめた論者に、梅田望夫氏がいます。梅田氏の『ウェブ進化論』（二〇〇六年）では、グーグルは「神の視点からの世界理解」を実現していると表現されています。

ただし、これはあくまでグーグルの側だけが「神の視点」に立っている、という点が重要です。梅田氏はこう書いています。「検索エンジンというのは、検索したい言葉をユーザーが入力し、結果としてその言葉に適した情報のありかが示されるサービスである。これが顧客の利便性という視点からのごく普通の理解だ」。つまり、筆者なりに言葉を補えば、グーグルを使ったからといって、決してユーザー一人一人が「神の視点」に立つことができるわけではありません。グーグルを使ったところで、ウェブという膨大な情報に満ち溢れた世界を、瞬時に、しかも隅々まで見通すことができるような「全知全能」のポジションに立てるわけではないからです。あくまでそのポジションに立てるのは、ページランクをはじめとする仕組みによって、世界中のウェブを巡回し、整理しているグーグルだけなのです。

グーグルの本質は何か？
——集合知という協力・貢献のシステム

「民主主義」「論文引用」「神の視点」と、さまざまな比喩で説明されるグーグルの仕組みですが、筆者の考えでは、グーグルの特徴をアーキテクチャという観点からもっともよく言い表わしているのは、Ｗｅｂ２・０の提唱者の一人ティム・オライリーの言葉です。オライリーはＷｅｂ２・０論文のなかで、グーグルは「集合知」をうまく活用することで、誰もが認める検索市場のリーダーとなったと説明しています。[5]

まずオライリーは、「ウェブの基盤はハイパーリンクである」と説明したうえで、「ユーザーが追加した新しいコンテンツやサイトは、その他のユーザーに発見され、リンクを貼られることによって、ウェブの構造に組み込まれる。脳のシナプスのように、これらの繋がりは反復と刺激によって強化され、ウェブユーザー全体の活動に応じて、有機的に成長していく」と述べています。先述したとおり、グーグル以前のＷｅｂ１・０の時代というのは、ウェブユーザー同士が直接「このページが面白いよ」と指をさしあう（＝リンクをする）ことで、有益な情報を教えあうという仕組みだったわけです。これが一般的な意味での「集合知」、つまり数多くの人が集まって知恵を寄せ合う状態をさしています。

これに対し、オライリーはまた別の箇所で、グーグルをはじめとするWeb2・0系アプリケーションを説明するのに、「参加のアーキテクチャ」という表現を用いています。これは「ユーザーがアプリケーションを利用することによって、副次的にユーザーのデータを収集し、アプリケーションの価値が高まる仕組み」のことで、これをオライリーは「協力の倫理が織り込まれて」いると表現しています。

すでに説明したとおり、グーグルの検索アルゴリズムは、「ウェブのリンク構造を解析することで優れた検索結果を導く」というものですが、これはいいかえれば、グーグルは〈リンクを貼る〉というユーザーたちの行動を、自らの検索結果の精度を高めるための「協力」ないしは「貢献」として、いつのまにか利用しているということです。

以上のオライリーの説明は、次のような梅田氏の説明と比較してみることで、興味深い論点を提示してくれるように思います。梅田氏は、『ウェブ進化論』のなかで、ヤフーとグーグルの哲学的な違いは、「人間の介在するレベル」にあると説明しています。ヤフーという検索エンジンは、人間の手で優れたウェブサイトを選び出し、電話帳のようにカテゴリごとにリストアップする、「ディレクトリ」方式で検索エンジンをつくっていた。これに対しグーグルは、すべてを機械的＝自動的に処理することで、検索結果の精度を高め、広告システムを運営しており、そこには一切人間の手が介在していない。

こう梅田氏は指摘しているわけです。

しかし、こうした梅田氏の説明は、グーグル単体だけで捉えれば正しいが、グーグルをウェブとセットで作動するソーシャルウェアだと考えれば、誤りだということになります。なぜならグーグルの検索結果が優れているのは、あくまで人がウェブ上から情報を探し出し、それをリンクによって指さしているという行動結果（協力結果）に基づいているからです。たしかにグーグルは、ウェブ上のリンク構造という人々の行動結果を自動的に解析している。その意味では、人の手は介在していません。あるいは、「直接的」には人の手を借りているわけではありません。しかし、もしウェブ上のリンクが、人の手によって一切貼られることがなくなってしまったら、おそらくグーグルの検索精度を高める仕組みは根底から崩れてしまうでしょう。つまりグーグルは、「間接的」に見れば人の手の協力を借りているともいえるわけです。

このように、オライリーによるグーグルの説明は、間接的に、かつ無意識のうちに人を「貢献」させるという点で、アーキテクチャの特性を的確に捉えたものになっています。ただし、現在では、グーグルのページランクの仕組みは広く知られるようになったため、「無意識」どころか、むしろ逆にあえて「意識的」に利用する行為に出るユーザーも登場してきています。たとえば、特定のウェブサイトの検索結果をより上位に引き上げるための手法として、「SEO対策」（Search Engine Optimization）と呼ばれるものが知られていますが、その一つに、「特定のページへのリンクを大量に貼る」という手法があります。たとえばブログのコメント欄やトラックバックなどの場所に、特定のサイトへのリンクを含んだ文章を大量に投稿するというものです。こうした「スパムリンク」[6]などとも呼ばれるリンクについては、検索結果の精度を落とすノイズになると認識されているため、グーグル側も対策を取っていますが、いたちごっこの状態になっていて、なかなか完全な解決に至るのは難しそうです。

グーグルは機械か、それとも生命か？——梅田望夫vs西垣通論争

こうしたグーグルのアーキテクチャについては、さまざまな議論や考察がすでに繰り広げられていますが、ここで一つだけ触れておきたいのが、「基礎情報学」を提唱する西垣通氏の『ウェブ社会をどう生きるか』（二〇〇七年）です。その中で西垣氏は、梅田氏が「神の視点」を実現すると述べたグーグルに対し、その検索結果は単なる「機械情報」の寄せ集め（データベース）にすぎないのであって、「生命情報」（あるいは社会情報）を有していないとの批判を行なっています。

「機械情報」と「生命情報」というのは、西垣氏の提唱する「基礎情報学」のなかでも、

最も基本的な概念です。いままでの情報理論やコミュニケーション理論は、「情報が伝達する」という現象について、（たとえばクロード・シャノンの有名なモデルに見られるように〔7〕）発信者から受信者に対して、まるで手紙や小包が送り届けられるかのようにポンと伝達すると捉えてきました。しかし、こうした発想を西垣氏は「機械情報」と呼んで批判します。なぜなら、人間社会における情報の伝達や共有という現象は、ノイズもあれば誤解もはらむプロセスであって、少なくとも「機械情報」のように単純なものではないからです。その一連の過程は、生命体が「環境」との知覚や作用を通じて体感・獲得する「生命情報」として捉えねばならない。こう西垣氏は主張しています。

こうした区別を踏まえたうえで、西垣氏は、グーグルはただの「機械情報」の集積でしかなく、梅田氏らが「人類社会を変える」などと称揚するほどの存在ではない、と批判しています。しかし、筆者の考えによれば、こうした西垣氏の批判は、半分正しく、半分まちがっています。

たしかにグーグルは、西垣氏もいうように、その裏側の仕組みそのものは「機械情報」で構成されており、その検索結果は、どれだけ正確に見えたとしても、機械的な算出に基づいて配置されているにすぎません。ましてグーグルは、西垣氏もいうように、いわゆる「人工知能」ではない。たとえば梅田氏は、グーグルは「神の視点を実現する」と比喩的に表現していますが、これはまるでグーグルが、人知をも超える「ハイパー理性」を実現したかのような印象を与えてしまいます。しかし、実際のところグーグルは、膨大な数のハイパーリンクをボットが辿ることで、ひたすら解析作業を行なっているだけです（しいていえば、グーグルというソーシャルウェアは、リンクを貼るという人間の行為を「計算資源」として利用するソフトウェアということができます）。だからグーグルは、「人工知能」を生み出すといった、神にも迫る偉業を達成しているわけではありません。その点では、西垣氏による批判は正しい。

しかし、その一方で、グーグルは単に「機械情報」しか提供していないのかといえば、これは誤りです。なぜならグーグルというのは、ウェブ上の人々が、はたしてどの情報をリンクしているのかに関する文脈情報を、ページランクによって解析し、検索結果に反映させているからです。つまり、グーグルの検索結果で上位にランクされる情報は、すでに多くの人々によって指さされ、評価されたものです。だからこそ、グーグルの検索結果は、あまりにも精度が高いと人々を驚嘆させ、いまではウェブを利用するうえで欠かすことのできない、「空気」のような存在になったわけです。

筆者の考えでは、こうしたグーグルが「当たり前」のような存在になったという事実が、グーグルが「生命情報」の提供者であるということを意味しているように思われます。西垣氏は、「生命情報」のあり方として、生物学者ヤーコプ・フォン・ユクスキュルの「環世界」という概念を使っています[8]。つまり人間からダニに至るまで、各生命体は、それぞれ固有の感覚器官によって、まったく別様に「世界」を捉えることで、世界とのインタラクションを行なっている、と。しかし、だとするならば、グーグルの存在は、ウェブ上のエージェント（情報体）たちにとって、その出現以前とはまったく異なる「環世界」を提供したという意味において、「文脈」（生命情報）を〈含んでいない〉のではなく、むしろ〈構成している〉と考えることができるでしょう。

ブログの本質は何か？①
——グーグルに検索されやすいウェブサイト

次は「ブログ」について見ていきましょう。ブログについても、すでに多くの解説が存在しているため、アーキテクチャの進化という観点から必要最低限の点だけを説明したいと思います。それはひとことでいえば、「グーグルに検索されやすいウェブサイト」を自動的につくる仕組みだった、という一点に集約することができます。

それはどういうことでしょうか。ここでは、前節同様、オライリーと梅田氏の議論を参照してみましょう。オライリーも梅田氏も、その技術的な特徴として挙げているのが、「パーマリンク」と呼ばれるものです。日本では「固有リンク」「固定リンク」などといわれることもあります。つまり、ブログの「記事」単位で発行されているＵＲＬのことです。このパーマリンクの仕組みによって、たとえばよそのブログで面白い記事を見つけたら、自分のブログ上で、その記事へのリンクを貼って紹介する、ということができるようになりました。

いま筆者は「できるようになりました」と書きましたが、パーマリンクは、いまではあまりにも当たり前の「機能」（というよりかは「存在」）になっているため、それがアーキテクチャ上の特徴であるということは理解しづらいかもしれません。以下で説明したいと思います。

かつてブログツールが存在しなかった頃、基本的に個人がウェブサイトを運営・更新する際には、自分の手でＨＴＭＬ（Hyper Text Makeup Language＝ウェブページを作成するための言語）を編集し、ウェブサーバにアップロードするという作業が必要でした。しかし、手動でウェブサイトを更新するとなると、いちいち短い文章を書くたびに、別々のＵＲＬを持たせたファイルに分割するのは面倒です。そこでたとえば、「二〇〇八年七月の日記」というように、ある程度まとまった文章ごとにファイルを切り分け、ＵＲＬを割り振る（そして日付が変わるごとに「アンカーリンク」「ページの途中にダイレクトにジャンプできるリンク」を貼り直す）、といった更新スタイルが一般的でした。

しかし、この「一ページにたくさんのテキストを入れていく」というスタイルは、検索エンジンとの相性があまりよくありません。たとえば「濱野智史」というキーワードで検索をしたとしましょう。その検索結果のなかに、誰かの日記サイトの「二〇〇八年七月の日記」というページがひっかかったとします。しかし、そのページには、一カ月分の日記がぎっしり書いてある。すると、そのページのなかのどのあたりに、「濱野智史」についての情報が書かれているのかが探しにくくなってしまうわけです。これに対し、パーマリンクの仕組みがあれば、比較的短い分量の記事の中から、その情報がどこに書いてあるのかがわかりやすくなります。

つまり、パーマリンクという仕組みは、ウェブページの情報を細かい単位に切り分け、情報のありかを「指さす」というリンクの効能（価値）を高めることに寄与するのです。また、リンクを貼った際に、リンク先にそのことを通知する仕組みである「トラックバック」もブログ特有のリンクの仕組みとして知られていますが、これは要するに、引用元のブログと引用したブログの間で、「相互リンク」の状態を自動的に生み出すための仕組みでした。

ブログの本質は何か？②
――ＳＥＯ対策の自動化

ブログが「グーグルに検索されやすい」もう一つの特徴は、前節でも触れたＳＥＯ対策が、いわば自動的に施されていた、という点にあります。ブログを使うことで、いちいちユーザーが自分の手でＨＴＭＬを書かなくてもよいだけではなく、グーグルのような検索エンジンが解釈しやすいＨＴＭＬに自動的に変換されます。たとえば検索エンジンのボットは、重要な内容はＨＴＭＬの「タイトル」や「見出し」に相当する部分に書かれているとあらかじめ想定して、検索対象となるウェブページを解析していきます。そのため、ＨＴＭＬを正しくマークアップしていくことが、検索結果を高めていくうえでは重要なのですが、ブログはその作業を自動でやってくれるということです。

この効果がもたらす意味は、たとえば一九九六年に出版された『インターネットが変える世界』（古瀬幸広＋廣瀬克哉）をひもとくことでも傍証することができます。この本では、日本ではＨＴＭＬのタグの記述をきちんと守っていないユーザーが多いために、当時存在した検索エンジンが情報をうまく切り出すことができない、という問題が指摘されています。

たとえば、〈h1〉というタグは、本来であれば、その文書の「見出し」に相当する部分にだけ用いなければなりません。もしその使い方が正しく守られていれば、世界中のＨＴＭＬ文書の見出し一覧をつくることが簡単にできます。しかし、現実には、ただブラウザ上に表示される文字を大きくしたいといったデザイン上の理由で、〈h1〉が使われていたりする。そのため、見出しとは関係のないゴミのような情報がまじってしまい、検索システムがワークしないのだ、というわけです。

ではワークさせるにはどうすればいいか。HTMLを記述するユーザーたちが、きちんと正しい記法と使い方を学び、そのルールを守っていけばいいのですが、実際には、その後次々と参入してくるウェブの新規ユーザーたちが、そうしたルールを一から学ぶというのは、あまりにも非現実的な啓蒙プロジェクトでした。そこで登場したのが、ブログというアーキテクチャだった。ブログを使えば、HTMLに関する知識がまったくない人でも、自動的に正しいHTMLを発行することができるようになるからです。つまり、ブログは、「正しいHTMLを書く」という集合行動を、規範ではなくアーキテクチャを通じて実現したわけです。

ただし、こうした「SEO対策済」というブログの特徴については、ブログがもともとそのような意図の下で開発されたというよりも、その吐き出すHTMLが（W3Cという標準化団体が提唱する）「正しい」とされる記法に準拠していたことで、結果的に検索エンジンにひっかかりやすいものになった、というほうが実際の出来事の記述としては正確でしょう。しかし結果として、ブログはこうした特徴を備えることで、検索エンジンにひっかかりやすいという特性を発現していきました。実際、――これはいまでは実感として理解されにくいと思いますが――ブログツールが普及しはじめた二〇〇二～〇三年頃には、ブログで書いた内容がすぐにグーグルの検索結果の上位にあがってくる、ということがブログユーザーの間で経験的に知られていました。

このほかにも、ブログの特徴としては、ウェブサイトの見出しや要約などのメタデータを記述する「ＲＳＳ」を自動的に発行することで、ＲＳＳリーダーですばやく、まとめて読むことができるようになったり、他サイトのコンテンツに再利用されやすくなったりするという点や、「ｐｉｎｇ」と呼ばれるブログの更新通知を集約する仕組みによって、検索エンジンの巡回対象に速やかに登録されるなど、さまざまな点が挙げられます。これらの特徴は、検索エンジンにせよ、人の目にせよ、情報の「検索されやすさ」「発見されやすさ」「指示のしやすさ」を高めるのに寄与するものだったといえるでしょう。

たとえば梅田氏は、非常に有名になった「総表現社会」という言葉で、ブログがもたらす社会やメディア構造の変動を説明しています。これまで、文章を公に向かって発表できたのは、メディアの権威に文章を載せることを許された、ごく少数のプロの書き手だけだった。しかし、ブログを通じて、個人がどんどん自分だけの情報発信メディアを持つことができるようになったというわけです。もちろん、これとほとんど同じことは、そもそもインターネットが「ホームページで世界に情報発信できる！」と喧伝された九〇年代にもいわれていました。

しかし、梅田氏のいう「総表現社会」出現のポイントは、「不特定多数無限」と彼が形容する膨大な数のテキスト情報が、グーグルのような検索エンジンを通じて、「玉石混交」の状態から「玉」と「石」を選り分けられるようになった点にあります。つまり、基本的には素人の書く文章は質が低い「石」かもしれないが、それが膨大に存在し、優れた「玉」を容易に発見できる仕組みがあれば、どんどん拾い上げられるような状態になるということです。

なぜブログの存在感は増したのか？

しばしば、こうした梅田氏が主張するような「ブログ肯定論」（あるいはブログ革命論）に対しては、「ブログなんてしょせん素人の戯言にすぎない」といった「ブログ否定論」がぶつけられます。たとえば、インターネットカルチャーについて優れた紹介を行なってきた山形浩生氏は、次のようにブログが登場したときの印象を書きつけています。

当初（引用者注、二〇〇二年秋ごろのこと）、伊藤穰一などがブログブログと騒ぎ始めたとき、ぼくの周辺の多くの利用者は、その意義があまり理解できなかった。すでに個人の日記サイトのようなものはあり、掲示板もかなり楽に設置できて、特にブログという形式に新しいメリットがあるとは思えなかった。まして、一部の人が騒ぐような、これで世界が変わるとかネットの革命だとか、その手の話はまったく理解できなかった。たしかに、すでにもうテンプレートができあがっていて、文や写真をアップロードするのが簡単にはなるだろう。でもそれが大きな改善とは思えなかったし、またそれで多くの人がネット上でのコンテンツ創作に乗り出せるほどハードルが下がるとは思わなかった。すでにネット日記ブームは終わり、そういうことに興味がある人はやりつくしていて、ちょっとハードルを下げたくらいで新しい人たちが入ってくるとは考えなかった。

（山形浩生『要するに』二〇〇八年）

ブログなどというものはくだらないし、たいして新しくもない。ブログという言葉が知られ出した当時から、こうした意見はかなり多く見られました。しかし、山形氏自身も認めるとおり、「もちろんその後の歴史が示すとおり、この考えはまちがっていた」のです。その後の「歴史」なるものを、山形氏はきわめてシニカルな口調で苦々しく語っています。「最終的にはそれまで考えられなかったような素人の大群どもが、写メとケータイを武器に、それまで考えたくもなかったような低劣なブログを死ぬほど量産するようになった」「自分である程度のＨＴＭＬが書けるユーザーからすれば、すでに与えられた砂場での児戯にも等しいおままごとでしかなかったのだが、おままごとにはおままごとのよさがある」と。

しばしばブログについては、こうした冷笑的な視線が向けられてきました。そのことについては、もちろん、ブログに限らず、ウェブにしても、(それこそ勃興期のテレビも新聞も書籍もすべてそうだったのですが)新たに登場するメディアというのは、常に先行する世代からこうした視線を向けられるものだ、といってしまえばそれまでかもしれません。

ただし、ここで筆者は、ブログを肯定するか否定するかといったどちらかの立場に与するつもりはありません。ここで重要なのは、ブログ肯定派にしても、否定派にしても、ブログに書かれたテキストというものが、その質が高かろうと低かろうと、検索エンジンを通じて大量に目につくようになったという状況認識を共有している、という一点にあります。そうでなければ、そもそもブログの存在をシニカルに「否定する」という身振り自体が成り立たないからです。

それでは、なぜブログの存在感は増したのでしょうか。山形氏は、「ブログなど普及するわけがない」という読みが外れた理由を、HTMLを自動生成するというブログツールの特性が、「ぼくにとってはまったく意味のないほどの技術的ハードルの低下」であっても、「世間的に見れば雲泥の差をもたらすくらいの参入障壁低下となった」からだと説明しています。たしかに、それも一つの重要な点ではあったといえますが、ここで筆者がさらにつけ加えたいのは、ブログがソーシャルウェアとして成長した原動力となったのは、あくまでそのアーキテクチャ上の特性（ブログのパーマリンクとグーグルのページランクの相性）だったということです。

それはすでに説明したように、ブログが、グーグルに検索されやすいというアーキテクチャ的特性を備えていたということを意味しています。個々のブロガーは、それこそ質の低いただのおしゃべりをしているだけかもしれないし、あるいは高尚な理想を抱いて質の高い記事を書いている場合もあるかもしれない。いずれにせよ、ブログで書かれた文章は、グーグルに検索されやすいので、検索されれば目につきやすくなる。それがまた誰か別のブロガーの目に入り、理由はどうあれ「リンクしたい」と判断されれば、そのブログ間にリンクが貼られることになる。こうしたブログユーザーの間で貼られていくリンクを、グーグルはページランクの仕組みを通じて常に解析し、さらにそのブログが検索されやすさを高めることになる――グーグルとブログは、こうした相互に影響を与えあう「フィードバック・ループ」の関係を取り結んでいるのです。その両者の相互強化的関係を、オライリーは次のように説明しています。

検索エンジンは、的確な検索結果を導き出すためにリンク構造を利用している。このため、適切なタイミングで、大量のリンクを生み出すブロガーは、検索結果の生成に重要な役割を果たすようになっている。また、ブログ・コミュニティはきわめて自己言及的であるため、ブロガーが他のブロガーに注目することで、ブロガーの存在感と力は増幅していく。

（ティム・オライリー「Web2・0：次世代ソフトウェアのデザインパターンとビジネスモデル（前編）」二〇〇五年）

ここでオライリーが「自己言及的」と形容しているのは、「ブロガーたちはブログの世界が大好きで、常に自分たちの間だけでおしゃべりをすることの好み、気に入ったブログ同士でリンクを貼り合っている」といった程度のことを意味しています。しかしオライリーがいっているのは、そうしたある人の目には「じゃれあいっこ」にしか見えないようなブログユーザーたちの（梅田氏の表現を借りれば「不特定多数無限」の）集合行動が、ブログとグーグルという二つのアーキテクチャの相互作用によって、結果的には優れたものが生き残っていく「淘汰」のメカニズムを作動させているということです。

また「淘汰」という言葉は、いかにも文章の質が優れたものだけが生き残っていくというイメージを与えますが、実際問題として、文章の「質」（性能）というものは、きわめて文脈依存的なものです。たとえば、どれだけ「低劣」な内容のページであっても、それが多くの人々にとって「バカにしたい」という欲望を効率的に喚起する性能を有しているという点で「優れた」コンテンツであれば、多くのサイトからリンクされることで、ますますその存在は認知されていきます。少なくとも「玉石混交」というとき、「玉」と「石」を選り分ける価値判断の基準自体は、どこにも確固たる形では存在していないのです。

〈ウェブ→グーグル→ブログ〉の進化プロセス

以上、〈ウェブ→グーグル→ブログ〉と、次々と新たなソーシャルウェアが登場し、その存在感を増していく（ユーザー規模を拡大していく）プロセスについて見てきました。ここでいったん、その流れを次のようにまとめておきたいと思います。

まず、グーグルというソーシャルウェアは、先行するウェブのリンクという特性に目をつけ、人々がウェブ上で互いにリンクを貼り合う集合行動を、自らの検索精度を向上させるために役立てました。次に、グーグルに後続したブログは、ＳＥＯ対策に最適化されたＨＴＭＬを生み出すことで、ユーザーが実際には何を書こうとも、自然にグーグルを通じて検索されやすくなる（ウェブ環境における存在感を向上させる）という効果を発揮しました。

逆に一九九〇年代から存在してきたウェブの側から見れば、その後にグーグルという優れた検索エンジンが登場したことは、ちょうどウェブが直面していた問題を解決する役割をはたしました。ソーシャルウェアは基本的に、ユーザーが増えれば増えるほど、その利便性が増大します。多くの人がウェブというメディアを使って情報を発信すればするほど、総体的な価値（自分にとってウェブが役立つであろう可能性）は高まっていくわけです。しかし、それと同時に、ウェブ上の情報が増えれば増えるほど、自分にとっては役立つことのないノイズ情報も増大し、ノイズと有益な情報を見極めるためのコストも増大していきます。こうしたソーシャルウェアの巨大化にともなう問題を解決するものとして、グーグルは登場したといえるでしょう。

さらに続いて登場したブログは、そのユーザー同士が頻繁にお互いのサイトをチェックしあい、面白いものがあったらすぐにリンクを貼るという「自己言及的」な振る舞いをすることで、結果的にはグーグルの検索精度を高める――まずは人が面白い情報を発見し、その発見した結果（＝リンク構造）をただちにグーグルがトレースして、自らの検索インデックスに取り入れる――のに貢献しました。

こうしたソーシャルウェアの成長・進化プロセスを抽象的に表現するならば、次のようになります。まず、〈ウェブ↓グーグル↓ブログ〉と、時間の流れに沿って矢印を並べてみましょう。この矢印の関係は、「新世代＝後続世代のソーシャルウェアは、先行世代のアーキテクチャの特性を生かし、それに最適化するような仕組みを採用することで、自らの効用や価値を高めてきた」と記述できます。

逆に、〈ウェブ↑グーグル↑ブログ〉と、矢印の関係を逆に遡っていくとします。するとその矢印の関係は、「後続世代のソーシャルウェアは、先行世代の効能をさらに高めるのに寄与してきた」ということができます。つまり、新世代と旧世代のソーシャルウェアが、互いの成長を促進し、支えていくという、いわば「共進化」的な構図を見出すことができるのです。

「生態系《エコシステム》」を示す三つの現象

こうしたウェブ上のソーシャルウェアの進化・成長メカニズムは、近年では、とりわけ英語圏を中心に、「生態系《エコシステム》」の比喩を使って説明されています。これは本書のタイトルにも冠している言葉ですので、詳しく解説しておきたいと思います。

「生態系」の比喩は、主に次の三つの現象を指しています。

①人や情報の流れについて

すでに説明したとおり、ウェブ上ではリンクを通じて情報が発見され、共有され、そしてより多くのリンクを獲得した情報がさらに人の目に触れられていく……という「自然淘汰」のメカニズムが常に働いています。また、こうしたメカニズムを表現するのに、とりわけ英語圏では、「ミーム」という言葉が好んで使われています。これは英国の動物行動学者リチャード・ドーキンスが『利己的な遺伝子』（一九七六年／一九八九年）のなかで提唱した概念で、文化・社会における情報の伝播と定着のプロセスを、「遺伝子」の存在にたとえたものです。

もちろん実際には、ドーキンスが「ミーム」と呼ぶような実体は、顕微鏡を覗くようにしては発見することはできないため、人文・社会科学の世界では、（一部の例外を除いて）基本的にはただの「比喩」ということで片づけられてしまいます。しかし、たしかにウェブ上の情報流通のただ中に一度身を置いてしまうと、あたかもミームの自然淘汰が起こっているかのように実感されます。こうした感覚は、これもやはり英語圏でよく用いられる、「ブロゴスフィア」(blogosphere＝ブログ圏）というブログの世界全体を指した造語にも表われているということができます。

また、ブロガーと呼ばれる集団のなかには、よく名前の知られていて読者も多い「アルファブロガー」と呼ばれるユーザーも存在すれば、あまり有名でないユーザーも存在しており、そこにはある種の「弱肉強食」的な階層構造があることが知られています。たとえば、あまりアクセス数の多くないブログで書かれた記事が、アルファブロガーにリンクづけで紹介されると、その瞬間だけ、どっとアクセス数が増大する、といったようなことが起こります。これはアルファブロガーの側が、まだあまり周囲の人が知らない新鮮なネタを求めて、日々ウェブ上を巡回し、自分のブログで紹介することで、読者に今日もまた満足してもらおうと奔走しているからです。アルファブロガーの存在は、基本的にブログ全体から見ればごく小数に限られており、その希少なポジションを維持するために、さらに下位のレイヤーから情報＝餌を捕食しようとしているわけです。このように、ブロガーたちが「新鮮なネタ」を求めてウェブ上を徘徊することで、弱肉強食的なハイアラーキーをつくりだしている状態は、しばしば「食物連鎖」にたとえられます。

②Ｗｅｂ２・０的と呼ばれるサービス間の関係について

Ｗｅｂ２・０系と呼ばれるサービスは、それぞれ別個のＵＲＬとサーバの上で動いていたとしても、互いに緩やかな協調関係をつくっていることがしばしば強調されます。

ブログであればトラックバックやRSSにpingがこれに相当します。また「グーグルマップ」や「ユーチューブ」は、必ずしもそのサービス上にアクセスしなくとも、外部のサイトからその機能を呼び出し、埋め込むことができます（これを「マッシュアップ」と呼びます）。

こうしたサービス間の緩やかな関係は、ある生態系のなかで、さまざまな生命体や種族がそれぞれ完全に孤立することなく、相互に影響しあい、その循環的な関係のネットワークを通じて、共棲的な「生態環境」を生み出している様子にたとえられているのです。

③お金の流れについて

最後に、これは上の二点とも密接に関係するのですが、ウェブ上のお金の流れについても、生態系の比喩を当てはめることができます。

たとえば、「グーグルアドセンス」（以下、「アドセンス」と表記）という広告システムがあります。よく知られているように、これはグーグル外部のウェブページに、そのページの内容と連動した広告（コンテンツ連動型広告）を自動的に掲載するという仕組みです。たとえばあなたのブログに、アドセンスを表示するためのコードを埋め込んでおくと、そのページの内容が瞬時に解析され、その内容と関連性が高いと判断された広告が自動的に表示されます。その広告へのリンクがクリックされると、事前にオークションで入札された広告価格の一部が、ページの運営者に支払われます。

グーグルから見れば、この広告システムは、ウェブ上に膨大に存在するサイト群（これをグーグルは「パートナー」と呼んでいます）を、自社の広告システムにとっての「在庫」として借り受けることを意味しています。一方、アドセンスを自らのページに掲載するパートナーから見れば、それは自らのウェブサイトという場所をグーグルに貸し出すことに相当しています。ちなみに、グーグルの広告売上高の約四割前後が、グーグル自体が所有しているわけではないサイト、つまりアドセンスから得られたものになっており、その収益の八割から九割程度を、パートナーに対する報酬として支払っています。そして残る部分を、グーグルは手数料として自社の収益としています。つまりグーグルは、ここで外部パートナーの代わりに広告主を探し、どの媒体にその広告を表示すればいいのかを選別する「交渉」を肩代わりしているといえます（その作業は基本的にすべて自動的に行なわれます）。グーグルが新たな「広告代理店」だといわれるゆえんです。

この仕組みが重要だったのは、ソーシャルウェアを運営するベンチャー系企業にとって、「アドセンス」が簡易で安定的な収益源になったということでした。「アドセンス」

は、一度そのコードを自サイト内に設置しておけば、わざわざ自ら広告を取るための営業活動を行なうことなく、自動的に収益が入ってくる仕組みになっているからです。さらにハードウェアコストの低下もあいまって（梅田氏が使う言葉を借りれば「チープ革命」のおかげで）、自社が運営するサービスのアクセス数向上に専念すれば、ソーシャルウェアを事業とするベンチャー企業の持続可能性は担保されやすくなったといわれています[9]（ただし、日本ではそれほどグーグルの広告システムが浸透していないため、その恩恵は米国ほどではないともいわれていました）。

このようにアドセンスの成功は、グーグルと外部パートナーの間に、「Ｗｉｎ－Ｗｉｎ」の関係が築かれたことを意味しています。グーグルの広告ビジネスの規模が大きくなればなるほど、アドセンスと契約しているパートナーの収益は増大する。パートナーのアクセス数の規模が大きくなればなるほど、グーグルの広告が表示される機会は増大し、グーグルの手数料収益も増大するというわけです。

さらにつけ加えれば、Ｗｅｂ２・０系の新興ベンチャー企業は、こうした「アドセンス」などの仕組みでとりあえず事業を持続させておき、最終的には、グーグルなどの大企業に自社のサービスが買収《バイアウト》されることを目指すようになりました。このことは、新しいソーシャルウェアのビジネスモデルが圧倒的にシンプルで簡易化されたことを意味します（その象徴が、二〇〇六年にグーグルに買収された動画共有サイト「ユーチューブ」

でした）[10]。なぜなら、こうした流れに乗ってしまえば、ITベンチャーは自分たちで独自にビジネスモデルを編み出す必要はなく、基本的にはグーグルにビジネスの大部分をまかせることで、自分たちはサービスの技術的開発や運営に専念すればよいからです。

梅田氏の本などでも伝えられているとおり、二〇〇〇年代中盤、米国のシリコンバレー界隈は、ネットバブル崩壊以降の低迷期を抜け出し、Ｗｅｂ２・０といったバズワードを伴いながら、再び活況を——それはしばしばバブルにすぎないとも揶揄されるわけですが——取り戻したといわれます。その背景には、グーグルが新興ソーシャルウェア企業にとっての「プラットフォーム」としての役割をはたすことで、ウェブ業界全体を牽引するという構図がありました。さらにこの光景を比喩的に表現すれば、グーグルをいわば苗床にして、新たなソーシャルウェアが次々と（しかも安定的に）生まれる「生態系《エコシステム》」が形成されたといえるでしょう。

生態系という認識モデルの「使いかた」

本章で筆者が最後に論じておきたいのは、「生態系《エコシステム》」という比喩そのものについてです。生態系の比喩のポイントは、抽象的にいい表わすならば、「ある環境において、膨大な数のエージェントやプレイヤーが行動し、相互に影響しあうことで、全体的な秩序がダイナミックに生み出されており、しかもそこから新たに多様な存在が次々と出現する」というところにあります。
その光景は、「生態系」という言葉以外にも、「進化」「ミーム」「自然淘汰」「ニューラルネットワーク」（脳神経）「創発」など、さまざまな言葉で比喩形容されてきました。使われる言葉はさまざまですが、それらは基本的に、「部分が相互作用することで全体が構成されている」（全体像は、諸部分＝諸要素の性質に還元できない）というシステム論的構図を持つという点で共通しています。そしてその構図においては、ウェブを構成するネットユーザー＝部分たちは、決して全体を認識しているわけでもなく、あるいは全体的視点を見渡した「神」のごとき存在に命令を受けるわけでもなく、いわば勝手気ままに行動することで、いつのまにか全体的な秩序が実現されている、というロジックが使われます。その論法は、かつてインターネットという新しい通信システムが、自律・分散・協調的に、つまり全体を管理・監視する主体の存在しない非中央集権的なものであると説明されてきたことを彷彿《ほうふつ》とさせます。

しかし、まさにこうした比喩的なロジックそのものを、呑気で楽観的すぎると批判する人々が一方では存在します。ウェブ上では、誰もがフリーに（自由に／無料で）情報を集め、発信することが可能で、偉大なる管理者などはいなくても、ただ皆が自由に振る舞うだけで、いつのまにか素晴らしい全体的な秩序が実現されるというが、それこそバカがのさばり、人類社会全体が痴呆化していくだけではないか。ウェブに否定的な人々たちはしばしばこう主張します。

こうしたウェブ楽観論と悲観論の対立は、しばしば性善説と性悪説の対立にもなぞらえられます。悲観者側は、こういいます。ウェブを肯定する論者たちは、あまりにもお気楽な性善説の立場を取っている。もともと人間は愚かでバカであるからこそ（＝性悪説）、それらの行動が相互に影響しあったところで、ますます世の中はだめになっていくフィードバックがかかるだけである。その動きに歯止めをかけるためには、これまで人類社会が築いてきた伝統的な知や情報をやり取りするための仕組みを、これまでどおり用いるべきなのだ。このように、ウェブを批判する人々は語っているわけです。

いうなれば、「ウェブ＝大衆社会批判」ともいうべきこうした主張のなかには、耳を傾けるべきものが少なくありません。たしかに、ウェブというものが、いつのまにかすばらしい秩序を生み出すというロジックは、ともすればただの「現状追認」に繋がってしまいがちではあります。Ｗｅｂ２・０という現象が、そのシリコンバレー界隈の好景気を背景に注目を浴びたこともあり、きわめて楽観的なトーンで語られてしまいました。それゆえに、「生態系」的な比喩そのものが、そうした一時の風潮を無条件に、しかも過大広告的に肯定するようなものとして機能したことは、否めない事実であると思います。

しかしその一方で筆者は、ウェブの「生態系」としての性格を否定する論調のなかにも、首を傾げたくなるものが多く存在していると感じています。なかには、ただバブル的な現象を揶揄したり頭ごなしに否定したりすることで、自分が頭がよくなったような気になれる——しかも、その現象がバブルであるという認識が広まっていればいるほど、いちいちそれがバブルであるということを説明しなくて済むため、きわめて「低コスト」にそのことを主張できる——ようにしか見えない議論も散見されます。

以上に見てきたような、ウェブをめぐる肯定派（楽観派・性善説）と否定派（悲観派・性悪説）の間の対立は、本書でもブログについて見てきたように、これまでも幾度も繰り返されてきたものです。

しかし、筆者は、生態系や進化論の枠組みをウェブに当てはめることで、また別の議論の道筋を切り拓くことができると考えています。それは最終章であらためて考察したいと思いますが、ここでその立場をひとことでいい表わすならば、生態系の「相対主義」とでもいうべきものです。

そのことを考えるうえで参考になるのが、経営学者の藤本隆宏氏の議論です。藤本氏は、『生産システムの進化論』（一九九七年）のなかで、社会現象一般に「進化論」の枠組みを当てはめて分析する際の注意点として、いくつかの重要な指針を導き出していきます。ここでは、その一部を簡単に参照しておきましょう。

まず、これはよく知られていることですが、「進化」（evolution）という言葉は、いわゆる「進歩」（progress）とは厳密に区別すべき概念です。「進歩」という言葉には、なんらかの価値観があらかじめプリセットされています。つまり、既存の「良きこと」の基準から見て、その質を向上させていくのが進歩です。こうした「進歩史観」は、しばしば生命やウェブの進化にも見出されがちです。生命の進化は、より優れた種が適応し、その種を存続させるためのプロセスなのだ、とする考え方。ウェブは、常に情報発見・伝達効率の優れたアーキテクチャに向けて進歩しつつある、とする考え方。一見すると、生命もウェブも、こうしたなんらかの目的に向けてシステム自体が自ずから変化してきたように見えるわけです。

しかし、「進化」という概念は、あくまでこうしたアプリオリな価値観が入り込むことを許しません。もともと進化論は、「ある長期的な期間にわたって、多様な種類への分化がなぜ生じるのか」を説明するものでした。つまり進化とは、「より良きものへの変化」ではなく、「より複雑なものへの分化」を指していると藤本氏は指摘します（「複雑なもの」の定義として、「その構成部分が偶然だけで生じそうにないような具合に配置されているもの」というドーキンスの解釈を引いています）。そして進化論のポイントは、その多様性や複雑さというものは、神のごとき超越的存在の意図によって設計されたのではなく、ほとんど「偶然」の積み重ねによって——生命であれば、遺伝子のランダムな組み換えによって——生じてきたものなのだ、とみなすところにあります。

より詳しくいえば、「偶然から複雑性が生まれる」というプロセスは、進化論においては次の二段階のロジックで説明されます。

まず、遺伝子のレベルで、なんらかの種が「発生」する（突然変異）。次に、そのときどきの「環境」との適応度によって、種の「淘汰」と「存続」が起きる。このように、「発生」のメカニズム（発生論的説明）と「存続」のメカニズム（機能論的説明）を分離して考えることで、事後的には目的合理的（なんらかの目的を実現するために最適な行為や機能を有していること）に見えてしまう現象やシステムであっても、その発生過程を目的合理的に説明してしまうという罠を回避することができる。つまり、偶然の産物から、目的合理的なシステムが自然発生するという現象を、「神による設計《インテリジエント・デザイン》」という神秘論に回収することなく説明することができるわけです。

以上の進化論的な見方は、本章で見てきた、〈ウェブ→グーグル→ブログ〉という進化のプロセスにも当てはめることができます。ウェブを開発したバーナーズ＝リーは、おそらくグーグルのようなものが生まれてくるとは想像もせずに、リンクというアーキテクチャを考案したことでしょう。またブログの開発者やユーザーたちは、グーグルの検索システムに適合するはずだということは、おそらく当初のうちは考えてもいなかったはずでしょう。こうしたウェブ上のイノベーションは、「偶然」とはまた別の言葉を使えば、「意図せざる結果」として――社会学者ロバート・マートンの言葉を使えば「潜在機能」として――生み出され、結果的にそのときどきの情報環境の状況に適応する形で生き残ってきたとみなすことができます。

こうした進化論の認識を継承したうえで、あらためてウェブを生態系＝進化現象として捉えるとすれば、それは次のような研究プロジェクトを要請するはずです。

私たちがいま目の前に見ているウェブの生態系は、どれだけ目的合理的に進歩しているかのように見えたとしても、それはあくまで偶然の積み重ねによって生まれたものであり、しかもその進化の方向性は多様なものでありうるはずです。たとえば本章で見てきたように、ここ近年では、とりわけグーグルやブログを中心としたＷｅｂ２・０と呼ばれる現象が、ウェブの生態系を代表するものとして紹介されてきました。

しかし、はたしてアーキテクチャの生態系は、グーグルやブログといったものだけに限られるのでしょうか？　それ以外の場所に目を向ければ、グーグルやブログとはまた違ったプロセスを通じて、しかし生態系という点で見れば同じような進化のプロセスを経た、なんらかのアーキテクチャが多様に生み出されているのではないか？

こうした問いを踏まえるならば、いま目の前にある単一のアーキテクチャの存続だけを願うことや、ある一つの進化の道筋だけを原理主義的に正しいものとして信仰することは退けなければなりません。ウェブの生態系は、（どれだけそれが強固なものに見えたとしても）グーグルの周辺だけに発生するわけではない。だとするならば、私たちは、ウェブ上のさまざまなアーキテクチャの生態系が生み出す多様性を捉えるために、「相対主義」的認識を取るべきなのです。

以上の指針に基づき、次章では、日本特有のアーキテクチャ「2ちゃんねる」の事例を見ていきます。それは「グーグルのいないウェブ空間において、生態系はどのような進化を遂げるのか」を見ていくにあたって、格好のケーススタディになるはずです。

〔1〕「メメックス」（Memex）とは、「MEMory EXtender」、すなわち「記憶拡張機」を略した造語です。一九四五年に、ヴァネヴァー・ブッシュが"As We May Think"（「われわれが思考するごとく」）のなかで発表しました。このなかでブッシュは、書籍・論文・手紙といった資料を保存し、それらを関連づけ、即座にアクセスできるようなシステムを構想しており、「ハイパーリンク」の原型となったといわれています。

〔2〕ヴァネヴァー・ブッシュ、テッド・ネルソン、ダグラス・エンゲルバートらの論文は、西垣通編著『思想としてのパソコン』（一九九七年）に収められています。

〔3〕「WAIS」（Wide Area Information Servers）も「Archie」も、WWW（ウェブ）の登場以前に、WWWと同じ「クライアント・サーバモデル」を採用したネットワーク上の分散型検索システムとして知られていたものです。村井純『インターネット』（一九九五年）で紹介されています。

〔4〕ページランクの数学的な仕組みについて解説したものとして、以下を挙げておきます。馬場肇「Google の秘密 —— PageRank 徹底解説」二〇〇一年、〈http://homepage2.nifty.com/baba_hajime/wais/pagerank.html〉。ただし、西田圭介氏の『Googleを支える技術』（二〇〇八年）では、ページランクの仕組みは現在ではさらに複雑化・洗練されているだろう、と指摘されています（そのため同書では、ページランクに関する記述は割愛されています）。

〔5〕ティム・オライリー"What is Web2.0"（邦題「Web2・0：次世代ソフトウェアのデザインパターンとビジネスモデル」）、二〇〇五年、〈http://japan.cnet.com/sp/column_web20/200g0039〉。

〔6〕「スパムリンク」とは、悪質なSEO対策の一種で、ある対象となるページをグーグルなどの検索結果の上位に引き上げるために、ブログや掲示板などの場所から大量のリンクを貼ることを指します。一時期、ブログのコメント欄やトラックバック欄が大量の広告的メッセージ（バイアグラ的なもの）で占められていましたが、これは人間の目に留まることを目的にした「広告」というよりも、グーグルなどの検索エンジンのボットの目に留まることを目的とした「検索エンジン向け広告」でした。そのため現在では、スパムリンクの標的になりやすい箇所には、あらかじめ"rel=nofollow"というリンク属性を埋め込んでおき、検索エンジンの解析対象としないようにするのが一般的です（こうした小さなHTML書式は、「マイクロフォーマット」と呼ばれ

ています)。また近年では、新規に作成されるブログの多くが、こうしたスパムリンクを作成するためにつくられた「スパムブログ」であるとも指摘されており、問題視されています。

〔7〕シャノンは一九四八年に発表した「通信の数学的理論」において、「情報」(information)や「通信」(communication)という概念を、確率理論を元に定式化し、情報理論の分野を切り拓きました。シャノンはコミュニケーションを工学的に実現するにあたって、情報の発信側から受信側へとメッセージが伝達される際、その途中経路でノイズが混入する問題をいかに対処するかに焦点を当てました。

〔8〕ヤーコプ・フォン・ユクスキュルは、一九世紀から二〇世紀にかけて活躍したドイツの生物学者。『生物から見た世界』(一九三四年)で、各生物がそれぞれの知覚器官に基づき、別々の有意味的な環境世界(Umwelt)を構成していることを描き出しました。哲学者マルティン・ハイデガーへの同時代的影響(「世界内存在」)や、認知科学者ジェームズ・J・ギブソンの「アフォーダンス」概念との類似性がよく指摘されています。情報環境論との関連性については、以下も参照のこと。東浩紀+濱野智史監修「情報社会を理解するためのキーワード20」東浩紀『情報環境論集』講談社、二〇〇七年、所収。

〔9〕経営学者の佐々木裕一氏によれば、二〇〇五年頃を境に、オンライン・コミュニティ事業におけるサイト訪問者向けの広告事業の構成比が高まっています(「オンライン・コミュニティにおける2つの二層構造――RAMとROM、そして価値観とアーキテクチャ」『組織科学』第四一巻第一号、二〇〇七年)。さらに興味深いのは、検索エンジン経由で訪れたユーザーのほうが、サイト上に埋め込まれた「アドセンス広告」をクリックする比率が高いという事実です。これまでこうしたユーザーは、「サイト上の情報を読むだけで素通りするROM」「書き込みという

コミュニティへの貢献をはたさずに、ただ情報だけを持っていくフリーライダー」として忌避されてきましたが、広告技術の発達によって、むしろＲＯＭユーザーのほうがコミュニティの収益源になる（広告をクリックする）という意味で「貢献」するようになった、という逆説的事態がここに見てとれるというわけです。

〔10〕二〇〇六年、グーグルによるユーチューブの買収金額は約一六億ドルでした。当時少なくない人々が驚愕したのは、ユーチューブがさしたるビジネスモデルを確立していたわけではないにもかかわらず、ほとんどその認知度だけで巨額の買収に至ったということでした。

第三章
どのようにグーグルなきウェブは進化するか？

2ちゃんねる

巨大掲示板2ちゃんねる

第三章では、日本の「2ちゃんねる」ついて見ていきます。

その理由は、いわゆるWeb2・0と呼ばれてきた、グーグルを中心としたエコシステムの外側に目を向けてみたいからです。はたして「グーグルのいないウェブ」において、ソーシャルウェアの生態系はどのように進化していくのでしょうか。

2ちゃんねるは、いわずとしれた日本の巨大匿名掲示板(群)サービスであり、一九九九年に西村博之氏によって開設されました。その名前を知らないという方は、少なくとも本書を手に取られた方のなかにはいないでしょう。

ただし、2ちゃんねるの存在は、日本社会のなかでは大きくその評価が二分しています。まず、2ちゃんねるの名前だけは知っているという人にとって、その存在はおそらく否定的なイメージを伴っていることでしょう。2ちゃんねるは、しばしば「便所の落書き」などと形容されてきましたが、書き込み内容は基本的に低俗で劣悪で、おいそれと信頼して鵜呑みにできるようなものではなく――2ちゃんねる管理人の「嘘を嘘と見抜けない人には使えない」という言葉が必ずといっていいほど引かれるのですが――、ときにはいわれのない誹謗中傷や罵倒、そして犯罪予告などに満ちた、きわめて反社会的なコミュニケーション空間です。しばしば2ちゃんねるは、こうした日本のインターネット社会の「暗黒面」としてのイメージを一手に引き受けてきたという感すらあります。

逆に2ちゃんねるを肯定的に捉える人々もいます。といっても、そのすべての書き込み内容がすばらしいと肯定する人は、「2ちゃんねる肯定派」のなかでも少ないのではないかと思います。否定派の人々もいうように、たしかにそこには、愚劣極まりない書き込みも多い。しかし、ときにはそこでも、目を見張るような高レベルの議論や情報収集・交換が行なわれることがあると肯定する人もいれば、あるいは、その愚劣の内容のなかにも、日々の辛いことも忘れられるような、腹を抱えて笑えるようなネタもあるのだ、と肯定する人もいることでしょう。

2ちゃんねるの肯定派も否定派も、その評価が分かれるポイントは、2ちゃんねるの「内容」をどう評価するかにあります。それは便所の落書きだ。いやいやときには優れた内容も書かれている。このように両者は論争を繰り返してきました。これに対して筆者は、2ちゃんねるに書かれた「内容」に着目するのではなく、どのようにして2ちゃんねるという巨大で広大なウェブ空間上において、「検索」という認知限界をサポートする仕組みを有しないままに、膨大なユーザーの間でコミュニケーションや情報交換がうまくワークしているのか、そのメカニズムに着目したいのです。つまり、前章で用いた言葉を使えば、2ちゃんねるを「生態系」としてみるということ。本章の主題は、これになります。

グーグルなしで成長したソーシャルウェア

まず、前章までの議論を通過した私たちがあらためて驚かなくてはならないのは、2ちゃんねるは、基本的にグーグルのような検索エンジンを傍に携えることなく、いま現在のここまで運営され、利用されてきたという事実です。

前章で確認したのは、大量の人々が「社会的」と呼べる規模で集まるソーシャルウェアには、次のような成長サイクルがあるということでした。まず、たくさんのユーザーが集まると、有益な情報とそうでないノイズの混在率が大きくなり（S／N比が小さくなり）[1]、自分が目的としている情報に辿り着きにくくなるという、いわゆる「玉石混交」の状態が訪れます。つまりネットコミュニティサービスは、ユーザーが増えれば増えるほど、有益な情報を書き込んでくれるかもしれないユーザーが増えると同時に、有益ではない情報や、望んではいないコミュニケーションの現場に遭遇してしまう可能性も増大していくことになるわけです。これはある種のトレードオフのようなものであって、基本的にあらゆるソーシャルウェアが不可避にはらむ構造的問題といえます。

　これに対しグーグルは、ウェブのハイパーリンクというアーキテクチャの特性をうまく活かすことで、優れていると思われる情報を的確に検索するシステムを構築したわけです。

　しかし、2ちゃんねるが開設されたのは一九九九年のことで、まだ日本ではほとんどグーグルの存在は知られていませんでした。検索エンジンは他にも多々ありましたが、まだそれほど精度が高くなく、特に日本語を検索するためのシステムで、優れたものはなかなかありませんでした。また、二〇〇三年から2ちゃんねる公式の検索サービスは存在しているのですが、これは有料のサービスなので、2ちゃんねるユーザーの誰もが使っているとはいえません。

　しかも2ちゃんねるは、「dat《ダット》落ち〔2〕」といって、一つのスレッド（掲示板の最も基本となる単位）に一〇〇〇以上の書き込み（レス）が入ると、自動的にそれ以上書き込めなくなり、過去ログを参照することができなくなります。つまり、前章で説明した「パーマリンク」に相当するものが、2ちゃんねるの場合は「時限つき」でしか存在していないということです。さらに2ちゃんねるの場合、コミュニケーションが盛り上がれば、それだけ規定のスレッド制限を早く消費していくことになるため、その板がウェブ上に存在していられる寿命も短くなります。これでは、検索エンジンのボットが巡回してくるよりも前に、その板は2ちゃんねるから事実上消えてしまう（検索対象になりえない）ことを意味しています。

こうしたアーキテクチャ上の特徴から、2ちゃんねるはグーグルなどの検索エンジンには捕捉されにくいという性質を持っていたわけです。

2ちゃんねるの特徴は何か？①——フロー

それでは、どうやって2ちゃんねるのユーザーたちは、自分が求める情報やコミュニケーションを「検索」する——つまり「探し求める」——のでしょうか。

2ちゃんねるのアーキテクチャ上の特性としてよく指摘されるのが、「スレッドフロート式」と呼ばれる仕組みです。2ちゃんねるでは、たとえば「哲学」「ノートPC」「ニュー速（VIP）」といった具合に、特定の話題ごとに「板」と呼ばれる単位で分割されており、そのなかに数十から数百の「スレッド」がぶら下がるという構成になっています。

その説明をするために、ここで簡単にユーザーの行動の流れを辿ってみましょう。

トップページから2ちゃんねるを訪れたユーザーは、まず自分の関心を持っている事柄に関連しそうな「板」を探し出し、そのトップページにアクセスします。そこには、その「板」が抱えている多数のスレッド一覧が表示されるのですが、スレッドフロー式はその表示される「順序」に特徴があります。

　スレッドフロー式では、基本的に「直近でなんらかの書き込みがあったスレッド」から順にソート（整列）されていきます。つまり、スレッドの表示順序は固定しておらず（たとえばスレッドが立てられた日時順でソートすれば表示順序は固定されるわけですが）、絶えず書き込みの状態によって流動するため、「スレッドがフローする」というわけです。こうしたスレッドフローというアーキテクチャによって、活発にコミュニケーションが行なわれているスレッドは、一覧の上に表示されやすくなり、ユーザーの目にとまりやすくなります。

　スレッドフローとは、こうしたスレッドの表示順序に関するメカニズムを指した言葉なのですが、2ちゃんねるが登場する以前、まだ規模が小さかった頃の匿名掲示板時代であればいざ知らず、現在では、この仕組みだけで2ちゃんねる上の情報発見・流通が促進されているとは、いいがたいと思います。

　ただし、2ちゃんねるのコミュニケーション・メカニズムの特性は、まさに「フロー」（流動する）という点にあるように思われます。たとえば、すでに紹介した「ｄａｔ落ち」はその一つです。2ちゃんねるでは、基本的にコミュニケーションを行なう場所そのものであるスレッドに、最大投稿数制限という「寿命」が設けられています。ですから、ある特定のトピックに関するスレッドが寿命を迎えた場合、そのトピックについての議論を続けたいと願うのであれば、新たに誰かが同一トピックのスレッドを立ち上げる必要があります。そのとき、これは2ちゃんねるユーザーたちの間で共有されている暗黙の慣習で、「続き」のスレッドには「Part11」「6スレ目」といった連番がつけられます。逆にいえば、たいして盛り上がりもしないトピックは、自動的に2ちゃんねるの生態系から淘汰されていくわけです。

また、「最大一〇〇〇レスまで」という2ちゃんねるの寿命に関する情報は、逆にそのスレッドの熱狂度や勢いを計測するためのバロメーター（指標）としても使われます。[3] たとえば「祭り」と呼ばれるようなイベントについて、スレッド上の書き込み数が急速に伸びていく際には、たいてい「一〇分で一スレ消費」と書き込まれ、いまこのスレッドが盛り上がっていることが、そのスレッドの「読者」たち（2ちゃんねるではこうした特定のスレッドにはりつくユーザーのことを「住人」と呼びます）の間で共有されるのです。

2ちゃんねるユーザーたちは、しばしばこうしたスレッド消費速度のことを「瞬間最大風速」にたとえます。もちろん、実際にウェブ上に風が吹くわけではないのですが、とかく文字だけで静的な印象を与えるコミュニケーション空間において、こうしたその場の「空気」を体感的に感じさせる文脈情報（文字上には表われない情報）は、存外に貴重なものです。こうした情報を手がかりにして、2ちゃんねるユーザーたちは、いまどこが盛り上がっているのか、そして「有益な」（＝自分を楽しませてくれる）情報が存在しているのかを嗅ぎつけていくのです。

2ちゃんねるの特徴は何か？②――コピペ

さらに、2ちゃんねる上の情報流通メカニズムで重要な役割をはたすのは、「コピペ」（コピー＆ペースト）です。2ちゃんねる上の書き込みというのは、テキストにしても、ＡＡ《アスキーアート》と呼ばれるグラフィックにしても、ほとんどがどこかで見たことのあるようなものばかりです。それは実際におそらくそのとおりなのであって、2ちゃんねる上の書き込みというのは、そのユーザーが別の2ちゃんねる上の場所で見かけた、ネタ的に面白いと思った文章やグっときた文章を、そのままコピペ（転載）したか、あるいは文章の一部分だけを改変したものであることが多いのです。

それはしばしば「お約束」的な流れ、つまり「こういう書き込みの流れになったら、次はこういう書き込みが来るのが決まりだろう」というスレッドの展開や方向性を予期したうえで、コピペされることが多いのも特徴です。しかも、こうした書き込みをするユーザーの心理としては、できるだけそのスレッドを見ている他のユーザーを笑わせたい——あるいは「怒らせたい」「泣かせたい」でもいいのですが——という欲求があります。つまり何かリアクションがほしい。となると、できるだけその場に適した、かつ誰もあまり見たことがないという意味で「レア」なテンプレやAAを見つけておいて、それをスレッドの流れが変わらないうちに瞬時にコピペするようになります。そして、もしそのコピペした書き込みが、他の人々の感情を揺り動かすことに成功すれば、また誰か別のユーザーが、その書き込みをまた別の場所にコピペしていくことになります。

また、先ほど説明した「続き」のスレッドを最初に立てたユーザーは、前回のスレッドの「1」（最初の書き込み）に書き込まれた「まとめ」（FAQや関連リンク集）をコピペすることが通例になっています。こうした有益な情報をコピペによって伝達・継続していくことが、新規にそのスレッドを訪れたユーザーに対する情報提供の役割をはたすわけです。

こうして、テンプレにせよ、AAにせよ、2ちゃんねる上で流通する情報の多くは、莫大に存在するユーザーたちのコピペによって伝達・伝播されていきます。こうした「総コピペ主義」とでもいうべき振る舞いは、たとえばブログなどの場所では許容されにくいものです。しばしば「他人のブログを丸々転載したブログ」というのが見つかり、炎上のネタになることがありますが、これは「パクリ」（著作権侵害）として批判の対象になってしまいます。しかし、少なくとも2ちゃんねるの内側に限っていえば、こうした「他人の文章を転載する」ということに対する倫理的な咎は存在しません。むしろ、そうした転載行為は大いに推奨されているとすらいえます。AAやテンプレには、多大な労力をかけて製作されたものが少なくありませんが、これらを製作する「職人」などと呼ばれるユーザーたちは、おそらく自分のつくったコンテンツがコピペされればされるほど本望だと考えているはずです。

また、こうした「総コピペ主義」の背景には、匿名掲示板という性質も大きく関係しているものと思われます。なぜなら、2ちゃんねるでは、そもそも「誰が」そのAAやテンプレを製作したのかを、認識することができないからです。ですからそこには「著作者」という概念そのものが機能しえない。逆にそのことが、自由な著作物のコピペによる伝播と流通を促しているともいえるわけです。

2ちゃんねるの「アーキテクチャ度」の低さ

このように、2ちゃんねる上の情報流通の特性は大きく分ければ、情報が残らずに常に消えていく・流動していく「フロー」と、一般的には許容されないような大胆な転載の連鎖によって情報が伝播していく「コピペ」といった二点に認めることができます。

特に後者の「コピペ」については、前章でも触れたドーキンスの「ミーム」という概念を思い起こさせます。コピペを通じて、なんらかの意味で優れた情報が、次々と別のスレッドに伝播し、ときには改変されて多様性を増していく。その一連のプロセスは、遺伝子が生物個体を超えて複製されていく過程を思わせるからです。

前章でも見たように、ブログの世界（ブロゴスフィア）では、基本的に優れた情報は「リンク」によって伝播されていきます。リンクですぐに情報の在処を「指さす」ことができるので、コピペはいわゆる出版文化と同様、「引用」の程度で留められることが多いといえます。そして、より多くの（そしてページランクの高いサイトからの）リンクを獲得したブログは、グーグルの検索結果の上位にランクされていくことになります。これがブログというソーシャルウェアにおける「ミーム」の自然淘汰プロセスです。これに対し、2ちゃんねるは、「リンク」ではなく「コピペ」を通じて、同様のメカニズムを実現しているというわけです。

こうした2ちゃんねるの「生態系《エコシステム》」の特徴は、決してアーキテクチャそれ自体のポジティブな効果によって、その多くがもたらされているわけではありません。いいかえれば2ちゃんねるは、コミュニケーション・システムとしての「利便性」や「自動性」（機械がやってくれることの度合い）が決して高いわけではありません。むしろ手動で成り立っている部分が多く残されています。たとえば「コピペ」一つ取ってみても、むしろ膨大な数のユーザーの「手動」による協力によって成り立っているわけです。

　また、いわゆる「祭り」が2ちゃんねる上に発生した際には、しばしば「dat落ち」した過去ログの情報を整理する「まとめサイト」「まとめWiki」がどこからともなく立てられます。さらに、「2ちゃんねる系まとめニュースサイト」と呼ばれるブログも数多く存在しています。これは最近の面白かったスレッドの流れを編集し、ブログ上で紹介するというもので、わざわざ2ちゃんねるは閲覧せずに、こうした他ユーザーによる「まとめ」（編集）を通じてしか2ちゃんねるを見ない、というネットユーザーもかなり多くいるのではないかと思います。

　このように、2ちゃんねるでは、アーキテクチャ自体が「生態系」を運営するというよりも、ユーザーたちが進んでソフトウェアのように作動することで、そこでの情報流通メカニズムが全体的に機能しています。

　こうした2ちゃんねるの特性について、もう少し考察を深めてみましょう。

　論点は二つあります。第一に、なぜ2ちゃんねるはわざわざ「フロー」の度合いが高くなるように設計されているのか。第二に、なぜ2ちゃんねるでは、あえて「協力」するユーザーが次々と現われてくるのか。この二点について、それぞれ節を分けて考察していきます。

なぜフローの度合いが高くなるよう設計されているのか?

まず、一見するとユーザーから見れば不便にしか見えないような「2ちゃんねる」のフローという特性ですが、これには何かアーキテクチャ上の理由があるのか、という点について見ていきましょう。

2ちゃんねるの管理人である西村博之氏は、二万字を超えるインタビューのなかで、次のように自らのコミュニティ運営者としての「思想」を語ったことがあります[4]。コミュニティ運営の大前提となるのが、コミュニティがどれだけ盛り上がっていたとしても、数年も経過すれば衰退していくという事実です。それはなぜかといえば、一度形成されたコミュニティは、その内部における結束を高めれば高めるほど、新たに外部からやってくる者から見れば、その結果が逆に「障壁」となってしまうからです。

これは別段ネット上のコミュニティに限った話ではないと西村氏はいいます。皆さんも学校やサークルや会社で経験されたことがあると思いますが、いわゆる一つのコミュニティ(集団)があったとき、その既存メンバー間でなんらかの信頼関係や暗黙の慣習(お約束)が密に形成されればされるほど、その存在が、新たにそのコミュニティに参加する人から見れば「敷居」になってしまうことが往々にしてあります。

こうしたコミュニティの成熟と衰退に関する性質は、パソコン通信やメーリングリストの時代から、「コミュニティが成熟すると、『常連』が幅を聞かせるようになり、初心者が発言しづらくなる」といった形で指摘されてきました。この問題に対し、西村氏は、さまざまなシステム的な施策を打ってきたといいます。

たとえばその一つとして考えられるのが、実は他ならぬ2ちゃんねるの「匿名制」(匿名でも投稿できる仕組み）です。まず、そもそも名前という手がかりがウェブ上に残らなければ、「常連」と呼ばれるような人々は知覚されません。

また2ちゃんねるでは、先ほども説明したとおり、スレッドの最大投稿数が「一〇〇〇レスまで」と制限されており、過去ログは「dat落ち」状態になります。こうしたフロー的性質は、「常連」たちを排除するのに役立ちます。しばしば「常連」と呼ばれるユーザーたちは、「(質問せずに）過去ログ読め」と高圧的に新参者たちに言い放つわけですが、アーキテクチャ上、そもそも過去ログが消失してしまう仕掛けにしておけば、こうした高圧的発言を行なう権利そのものをあらかじめ抹消することができるからです。

さらにこの他にも、いわゆる「VIP板」を生み出すきっかけとなった「kuso機能」(ニュース速報板のくだらないネタスレを、メールアドレス記入欄に「kuso」と書き込む＝投票することで、強制的に外部の板へと移送する仕組み）も、ニュー速板の「常連」と、それを挑発しようとする「新参者」たちを棲み分けるための仕掛けでした。[5]

こうした「常連を排除する」という2ちゃんねるの「設計思想」は、他の一般的なネットコミュニティの運営者のそれと比べると、むしろ真逆のものといえます。一般にコミュニティの運営者は、「常連」の囲い込みを図るからです。通常、ネットコミュニティの存続を支えてくれるのは、そのコミュニティに常駐し、なんらかのコンテンツをそこに寄進＝投稿してくれる「常連」たちです。それゆえコミュニティの運営側は、「常連」たちの常駐を誘うためのインセンティブとして、「褒められる」（評判情報を蓄積する）、「新参者を威圧的に排除する」（権威を発揮する）といった「特権」を進んで付与しようとします。

しかし西村氏は、いわばそうした「常連優遇政策」が、コミュニティを結果的には（中長期的には）衰退させると考えているわけです。むしろそうしたウェブ上の「階層制」を否定するためにこそ、2ちゃんねるには「匿名制」が導入されているといってもいいでしょう。

筆者は別の場所で、こうした西村氏の設計思想を、彼自身の言葉を受けて「都市」と「共同体」――あるいは「組織・結社《アソシエーション》」と「共同体《コミュニティ》」――の比喩で説明したことがあります。アソシエーションとコミュニティという区別は、社会学では一般的に見られる図式です（ドイツの社会学者テンニエスの、ゲマインシャフトとゲゼルシャフトという概念に置き換えてみてもよいでしょう）[6]。前者のアソシエーションは、たとえば会社やサークル、そして都市のように、参加する成員が自由に結成し参加する集合体のこと。そして後者のコミュニティは、家族や地域共同体のように、生まれながらにそこに参加してしまう（＝自由に参加先を選ぶことができない）集合体のことを指しています。

　この区別を用いるならば、西村氏のネットコミュニティの設計思想は、初めは本来自由に人々が集まってつくられたウェブ上の「アソシエーション」が、時が経つにつれて排他的で閉鎖的な「コミュニティ」へと変質することを避ける、という点に主眼が置かれています。いってみればそれは、「ネット〈コミュニティ〉の設計論」というよりも、「ネット上にいかにして〈都市空間〉をつくるのか」に関する問題なのだというべきでしょう。事実、都市空間は「顔の見えない」「匿名的な」人々が集まる空間であり、だからこそ多様な人々を抱えることができる。かつ、絶えず成員の出入り《フロー》が生じている。たしかにそれは、2ちゃんねるのような雑多で猥雑なウェブ上の巨大空間を形容するにふさわしいように思われます。

　ただし、ここで一つだけつけ加えておく必要があるのは、上に見てきたような2ちゃんねるのアーキテクチャ上の特性は、何もすべてが初めから「常連を排除する」という目的を実現するために、あらかじめ設計されていたわけではないということです。

　たとえば、「ｄａｔ落ち」という機能（特性）は、もともとは「過去ログ」をウェブサーバ上で公開しておくことが、運営コストの観点から見て合理的ではないと判断されたために、実装されたのではないかと推測されます。つまり、もともとの順序としては、サーバの物理的資源（ハードディスク容量やデータ転送量など）という制約条件があって、その解決のために「dat落ち」という機能が実装され、それが結果的には常連を排除するというフロー的効果を生んだ、と解釈するべきだと思われます。

これは前章でも触れた、進化論的なものの見方とも合致します。つまり、2ちゃんねるの「dat落ち」という特性は、事後的に見れば、「常連を排除する」というコミュニティ活性化（流動化）の機能をはたしているように見えるけれども（機能論＝存続の論理）、その機能自体は、決してあらかじめそうした目的のために設計されたのではなく、また別の制約条件を受けて生み出されたものだった（発生論＝生成の論理）。2ちゃんねるのアーキテクチャが生まれてきた背景にも、こうした進化論的な図式を当てはめてみることができるのです。

なぜ、あえて協力するユーザーが現われてくるのか？

巨大な「フロー的空間＝都市」として2ちゃんねるを捉えるということ。この比喩は、2ちゃんねるというソーシャルウェアの動態をうまくいい表わしているように筆者には思われます。

ただし、まだ上の説明では、事態の半分しか説明されていません。それでは、なぜそのようなフローの空間において、人々はコピペをしたりまとめサイトをつくったりと、なんらかの「協力」をしあうのか、という疑問が残るからです。見知らぬ者同士であるにもかかわらず、なぜ互いに協力できるのか。この問題を考えるには、これまで「2ちゃんねるユーザー」と呼んできた存在を、「2ちゃんねらー」として理解する必要があります。

それはどういうことでしょうか。まず、「2ちゃんねらー」として振る舞うことは、単なる無色透明な匿名的存在になることではない、ということを理解しておく必要があります。むしろ2ちゃんねる上の多くのユーザーは、「2ちゃんねらー」という一つの壮大なキャラになりきっている。だからこそ、互いに誰だかわからないような匿名的存在であっても、互いに協力することができるのではないか。

こうした考えを補強するうえで参考になるのが、社会学者・北田暁大氏の2ちゃんねる論です。北田氏は、『嗤う日本の「ナショナリズム」』（二〇〇五年）のなかで、2ちゃんねらーたちがしばしば発露する、アンチ・マスメディア的なノリや、「嫌韓」「嫌中」「ネット右翼」などともいわれる他国排外的な言説活動を繰り広げている点に着目し、その起源を、八〇年代テレビ文化の「アイロニズム」に見出しています。これはたとえば、お笑い文化の「内輪ネタ」、つまり観客の笑い声ではなく、出演者や番組スタッフの内輪的な笑いのポイントを、テレビを視聴する側も共有するといった作法を指しています。そして2ちゃんねらーたちは、こうした「内輪」に相当するものをウェブ空間上に作り出すことで、「繋がりの社会性」と呼ぶようなコミュニケーションのあり方を効率的に維持している――こう北田氏は分析しています[7]。

ここで、「繋がりの社会性」という概念についても説明を加えておきましょう。一般的にコミュニケーションとは、送信者と受信者の間でなんらかの「内容《メッセージ》」がやり取りされるモデルで考えられています（コミュニケーション論では、郵便物が配送されるのにたとえて「小包《パケット》モデル」とも呼びます）。しかし、九〇年代後半以降に現われた若者のデジタル・コミュニケーションのスタイルは、たとえば一日に何十通と交わされる「毛繕い《グルーミング》的な」ケータイメールのやり取りや、コピペに満ちあふれた2ちゃんねるのコミュニケーションに顕著なように、もはや「交わされるメッセージについて合意できるかどうか」という〈内容〉の次元ではなく、「コミュニケーション＝繋がりが成立している」という〈事実〉の次元に、主目的が置かれています。もはやそこでは一つ一つのコミュニケーションの内容自体は重要ではなく（あるいは盛り上がるための「きっかけ」にすぎず）、コミュニケーションをしているという事実を確認すること自体が自己目的化している、というわけです。

ただし、2ちゃんねるという空間は、単に自己目的的な「おしゃべり」を続けるにはあまりに巨大すぎる。そこでの空転しがちなコミュニケーションを可能な限り持続させ、その「繫がり」の強度を高めていくためには、定期的に「ネタ」が必要になります。こうしたあり方を、社会学者の鈴木謙介氏は「ネタ的コミュニケーション」と呼んでいます。[8] それはスレッドのなかの発言でも、ブログでも、朝日新聞でもなんでもいい。ある対象を「ベタ」に（字義通りに）捉えるのではなく、たとえば朝日新聞であれば「またサヨが何かいっている」といったパターン認識をかけることで――いわば「2ちゃんねらー的色眼鏡」をかけることで――、常に「メタレベル」から解釈のズレを差し挟み、アイロニカルな「嗤い」（相手を見下すような「笑い」のこと）を誘っていく。これが北田氏や鈴木氏の捉える2ちゃんねるのコミュニケーション作法です。

2ちゃんねらーにとって、もはやコミュニケーションの「内容」はさしたる重要性を持たないということ。これは個々の2ちゃんねるの書き込みだけではなく、より「集合的」なレベルにおいても同様のことがいえます。たとえば産経新聞 iza の記事では、祭りや炎上を引き起こすネットユーザーたちを、いわゆる「ネット右翼」（嫌韓）ではなく、「ネットイナゴ」と呼ぶほうが適していると指摘されています。[9] 同記事では「イナゴには悪意も善意もない。あるのはただ食欲のみだ」と形容しているのですが、換言すれば、「繫がりの社会性」に興じる者たちは、右か左かといった政治的なイデオロギーの〈内容〉には関心がなく、祭りや炎上に参加しているという〈事実〉だけを求めているということです。

さて、こうした「ネット上で盛り上がる言説は、内容次元での討論として議論が盛り上がっているのではなく、実際にはお祭り感覚や野次馬感覚に支えられている」という認識は、すでに数多くの論者によって指摘されてきたものです。社会学者・吉田純氏の『インターネット空間の社会学』（二〇〇〇年）によれば、古くはパソコン通信の時代から、草の根BBSに政治理念的な意味づけを見出すエヴァンジェリスト（伝道者）的言説と、BBSの「現場」でコミュニケーションを娯楽的に楽しむユーザーとの間に温度差があったことが指摘されています。

とはいえ、ネット上の動向には疎いとされてきた――それゆえにしばしば新聞記事はネットユーザーたちの格好にネタにされてきた――日本の大衆紙レベルで、同種の認識が示されるということは、「繋がりの社会性」的な認識がかなり一般化してきたことを意味するのでしょう。

2ちゃんねらーになることで生まれる相互信頼

もちろん、こうした「内容」を軽視あるいは無視したコミュニケーション作法は、世間一般の常識から考えれば、褒められたものではないかもしれません。

しかし、ここで議論を戻しましょう。そもそも私たちが問題にしていたのは、なぜそのようなフローの空間において、人々はコピペをしたりまとめサイトをつくったりと、なんらかの「協力」をしあうのかということでした。

そこで北田氏の考察が参考になるのは、「2ちゃんねらーたちは互いを『内輪』として認識している」という点です。しかも2ちゃんねるの内輪は、いわゆる「内輪」プロパーが持つイメージをはるかに超えて巨大なのです。その集合意識ないしは帰属意識が、互いに顔も見えないウェブ上での協働を支える信頼財《ソーシャル・キャピタル》（社会関係資本）として機能しているのではないかと考えることができます。

たとえば2ちゃんねらーたちは、同じ「2ちゃんねらー」だとみなしうる相手に対しては、そこで生み出されたＡＡやキャラクターといった創作物を自由に再利用することを許容します。つまり、自分たちにとっての共有物であるとみなしたうえで、「コピペ」の自由を認めるわけです。ここで重要なのが、その一方で、その共有物を営利目的で利用しようとする者――たとえば二〇〇五年に起きた「のまネコ騒動」におけるエイベックス社が記憶に新しいと思われますが――に対しては、しばしば〈フリーライダー〉を排外するかのごとく強烈な反発を示すということです。昨今こうした感受性については、ネット上では「嫌儲」（儲かるのが嫌、の意）などと呼ばれて議論の対象になっていますが、その背景には、上に見たような2ちゃんねる的な信頼財の調達メカニズムが深く関係していると筆者は考えます。

それでは、お互いが「2ちゃんねらー」であるという事実は、はたしてどのようにして確認されるのでしょうか。これは比較的簡単なことで、いわゆる「2ちゃんねる語」といわれるウェブ上の「方言」を使えばいい。一見読みにくいだけにしか見えない、独特な言葉遣い（ジャーゴン）を用いることは、それを読解できる者同士を、互いに「2ちゃんねらー」であると確認する役割をはたすからです。

この点を考えるうえで、興味深い事例があります。かつて社会学者の宮台真司氏らは、『サブカルチャー神話解体』のなかで、「丸文字」をはじめとする「少女文化＝かわいいカルチャー」は、少女たちにとっての対人関係ツールとして機能していたと分析しました。

誰もが文脈自由に抱く（はずの）共感に依拠して、いつまでも戯れ続けること。各人によっていかようにも異なりうる「本当の〈私〉」を詮索するのをやめにして、「みんな同じ」であることを巧妙に先取りしてしまうコミュニケーション。それこそが、キュートな「かわいさ」の、対人関係ツールとしての本質的な機能なのであ

る。（中略）

まる文字によって「〃かわいい共同体〃のメンバーだ」というシグナルが送られると、お互いに平等な匿名メンバーとして「お約束の中で」振舞えるようになることに、女の子たちが気づいたのである。

（宮台真司＋大塚明子＋石原英樹『サブカルチャー神話解体』一九九三年）

ここで使われている「かわいい」という形容詞を、北田氏のいう「アイロニカル」という言葉に置換すれば、ほとんどそのまま2ちゃんねる論として読むことができます。すなわち、2ちゃんねる語をウェブ上で用いることで、互いが誰であるのかを問うことなく、「みんな同じ」であることを巧妙に先取りしてしまうコミュニケーション。2ちゃんねる語によって「〃アイロニカル共同体〃のメンバーだ」というシグナルが送られると、互いに平等な匿名メンバーとして「お約束の中で」振る舞えるようになる――こうした言葉遣いのもっとも表層的なレベルでの共通性を軸に、2ちゃんねらーたちは「内輪」の境界設定を行なってきたわけです。

もちろん、これは2ちゃんねらーに限ったことではなく、たとえば一時期話題になったケータイの「ギャル文字」のように、どの「内輪空間」にも見出される現象であって、別段2ちゃんねるに特有なものではありません。また、もともと丸文字やギャル文字といったものは、友だち同士の「手紙」だけではなく、ゲームセンターやラブホテルや観光地に置かれた「ノート」の上で頻繁に使われていたものでした。こうした匿名的なコミュニケーション・メディアの上で、若者たちは「内輪」をつくりだすために、特殊な文字をつくりだし、用いてきた。その意味でも、西村氏が2ちゃんねるを「都市＝匿名的コミュニケーション」の空間として捉えたことは、ますます的確だったように筆者には思われます。

2ちゃんねるの二面性——都市空間と内輪空間

以上に見てきたように、2ちゃんねるという空間は、ある種不思議な「二面性」を抱えているということができます。一方で2ちゃんねるは、互いの顔も見ることができない匿名的な「都市空間」でもある。しかしその一方で、それは「2ちゃんねらー」という名の一つのキャラたちが集まった、巨大な「内輪空間」でもあるということです。

この二つの性質は、一見すると背反するように見えますが、しかしそれは両立している必要があります。なぜなら、ただ「内輪」を形成するだけでは、新参者を排除する方向へ向かうばかりで、巨大な掲示板上での相互連携や共感に至るのは難しい。その一方で、2ちゃんねるは「匿名」であるがゆえに、新参者であっても気楽に参加できるけれども、やはりそこで共有されているリテラシーやカルチャーを体得しなければ、しばしば2ちゃんねるが見せる「祭り」的な集合的協働現象が生じるメカニズムを説明できない。このように、2ちゃんねるは、ある種の矛盾する性質を、ともに両立しているようなところがあるのです。

こうした二面的な特徴は、かなり議論が飛躍してしまいますが、政治学者・ベネディクト・アンダーソンが論じる「想像の共同体」としてのナショナリズムの働きに比較的近いのではないかと筆者は考えています。[10] つまり、顔も見たことのない「国民」と呼ばれる市民同士が、新聞（出版資本主義）というマスメディアを通じて、互いにどこか仲間や家族のようだと感じてしまうことの不思議に、2ちゃんねるのメカニズムは近しいように思われるのです。この点については、これ以上論及することはしませんが、ソーシャルウェアがはたしてどれだけ既存の「社会」と並べて機能しうるのかを計るうえで、重要な試金石になると考えています。

米国のブログ、日本の2ちゃんねる

以上の2ちゃんねる分析を締めくくるうえで、最後に、前章で扱ったブログとの比較を行なっておきたいと思います。この二つのソーシャルウェアを比較することは、各々のソーシャルウェアが生まれてきた日本社会と米国社会を比較することにも通じるからです。

前章でも触れた梅田望夫氏は、『ウェブ進化論』のなかで、「ブログはアメリカらしい」ものだという印象を書きつけています。それはこういうことです。ブログは基本的に、自分が誰なのかをウェブ上で明らかにしたうえで（仮にハンドルネーム＝仮名を使っていたとしても、ウェブ上でその発言内容をトレースできる状態にしたうえで）、情報を発信していくというツールです。だからそれは「個をエンパワーメントするツールだ」と梅田氏はいいます。既存の組織や権威のゲタを履くことなく、自分の書く文章一つで、ブログは数万数十万といった読者に向けて自分の考えを表明できる。こうした側面が、米国の「個人」の意志や自由を尊重する社会風土と、思ったことははっきりとオブラートに包まず主張していくコミュニケーション文化に近いと梅田氏はいうわけです。

さて、梅田氏はその一方で、こうした個を強化するブログの普及浸透は、マスメディアだけが表現することができた時代に終わりを告げ、「総表現社会」をもたらすと祝福しています。その主張は、いわゆるマスコミなどのエスタブリッシュメント層が、しばしばネットメディアを「無責任で質が低い」と見下してきたのに比べれば、はるかに肯定的なものといえるでしょう。

しかし、梅田氏が総表現社会の到来を祝福するとき、そこに含まれるのはあくまで

「ブログ」のことであって、そこに2ちゃんねるやニコニコ動画の名前が挙げられることはありません。[11] 消費者が情報を発信するようになることを祝福するというのであれば、梅田氏は2ちゃんねるのことも同じ程度には祝福する必要があるはずなのですが、梅田氏の考えではどうもそうはならないようなのです。

とはいえ、ここまでの分析を経た私たちには、その理由は明らかです。なぜなら、2ちゃんねるは匿名性を基本としたアーキテクチャとして設計されており、「個として発信する」というアーキテクチャ的な基盤を有していないからに他なりません。あくまで梅田氏にとって、ウェブは「個をエンパワーメントする」ものでなければならないのであって、2ちゃんねるのように、巨大な内輪集団のなかに自己を埋没させるようなソーシャルウェアは、その限りではないのです。

「個」の評判を蓄積するブログ

こうした梅田氏の考えを理解するにあたって、「直感を信じろ、自分を信じろ、好きを貫け、人を褒めろ、人の粗探ししてる暇があったら自分で何かやれ。」と題された梅田氏のブログ上の文章（この文章はとりわけ梅田氏のブログにアップされた文章のなかでも数多くの読者を集めたようです）をあわせて読んでみましょう。[12] このエントリーのなかで、梅田氏は「ネット空間で特に顕著だが、日本人は人を褒めない」ことを批判し、「心の中でいいなと思ったら口に出せ。誰だって、いくつになったって、褒められれば嬉しい。そういう小さなことの積み重ねで、世の中はつまらなくもなり楽しくもなる」と熱い調子で書きつけています。

梅田氏はこの言葉を、「酔った勢い」で書いた説教のようなものだと自ら語っているのですが、筆者の見立てでは、「もっと褒めろ」という梅田氏の主張はきわめて首尾一貫したものです。筆者なりに言葉を補えば、それは次のように一般化して理解することができます。

「個」を単位とした社会的な諸活動を取り結びやすくするためには、「評判」あるいは「信頼」という社会関係資本《ソーシャル・キャピタル》を流通させ、個という単位にその資本を蓄積させる――いうなれば「社会関係資本の原的蓄積段階」を通過する――必要があります。その段階を踏むからこそ、組織の肩書きや権威といった「ゲタ」を履くことなく、個人間でのフラットな社会的協働が活発化するわけです。つまり、「もっと褒めろ」という提言は、「名前」を持った個体同士で、ポジティブな評判情報を取り交わすべきだということを意味しているわけです。

このような考えを裏づけるものとして、たとえば社会心理学者の山岸俊男氏のネットオークションに関する研究を挙げてみましょう。ネットオークションというのは、必ず一定程度の「匿名的存在」（どこの誰だかわからない人）が参入しなければ、そもそもの取引が成り立たない空間です。はじめから売り手も買い手もお互いのことをよく知っているような状態というのは、オークションの性質上、望むべくもありません。そして、こうした「匿名性」が存在するということは、オークションを利用されたことのある方であればよくご存じのように、「売り手の側が実はニセモノを売りつけるのではないか？」といった疑問がつきまとうことになります。

経済学の分野では、こうした問題は「レモン市場」と呼ばれています。「レモン」とは、俗語で「中古車」を指しています。中古車というのは、買い手から見ると、はたしてその車が本当にいままで事故があったのかどうか、あるいは本当に表示されている距離しか走っていないのかどうか、といった情報を見極めるのが難しい商品です。その本当のところを知っているのは、中古車の売り手の側だけであり、売り手の側は、その「知識の落差」につけこむことで、買い手をうまくだますことができてしまいます（「レモン市場」について論じた経済学者のジョージ・アカロフは、こうした買い手と売り手の間に生じる「知識の落差」のことを、「情報の非対称性」と呼んでいます）。

さて、ネットオークションにおいては、どうすればこの「レモン市場」の疑惑問題は解決できるのでしょうか。先ほども述べたとおり、あらかじめ信頼のおける間柄同士で「内輪」的な空間をつくることは、そもそもオークションの性質上難しいといえます。

それでは、問題のあるプレイヤーに対し、「悪い評判」を付与することで追い出そうとするのはどうか。しかし、ネットオークションでは参加者の匿名性が高く、また再参入が容易なため、「追い出す」という制裁行為自体があまりうまく働かない。これに対し、ポジティブな評判を互いにつけ合うというのはどうか。ポジティブな評価を得た人は、そのポジティブな評価を継続しようとし、ポジティブな評判がまた新しい取引相手を呼び込むというフィードバックが働くため、これはうまく機能するというのです。これを山岸氏は、「個人のブランド化」だと表現しています。

「総表現社会」「もっと褒めろ」と語る梅田氏がブログに期待しているものは、こうした「個人のブランド化」という意味でのエンパワーメント効果に他なりません。そして梅田氏の目から見れば、日本の「ウェブ社会」は、戯言とルサンチマンと足の引っ張り合いに満ちた、いわば「評判情報のデフレスパイラル」のようなものとして映っているのかもしれません。2ちゃんねるに膨大な時間を費やす人々というのは、せっかくの「個のエンパワーメント」のための機会を享受することなく、ただ2ちゃんねるという「内輪空間」に埋没して日々をすごしてしまっている、不幸で、愚かな人々に見えてしまうのでしょう。だからこそ梅田氏は、2ちゃんねるの存在を、「総表現社会」を実現するサービス一覧からは除外するわけです。

米国は信頼社会、日本は安心社会？

以上のように、米国のブログと日本の2ちゃんねるというそれぞれのソーシャルウェアを比較してみたとき、そこには「日本社会論」という形で二〇世紀を通じて語られてきた、「米国は個人主義・日本は集団主義」という図式が反映されていることがわかります。すなわち、米国（西欧近代）は「自立した個人で構成される市民社会」であり、日本は「ムラ的共同体＝内輪＝世間に個人が埋没してしまう」という二項対立的な図式のことを指しています。

こうした図式が、あまりに単純に社会というものを捉えてしまっており、社会科学的な意味での洗練度あるいは解像度を欠いているということは、さまざまな場所で指摘されてきました。しかし、そのことを知りつつも筆者は、二一世紀にも入って、しかもウェブという「国境を乗り越える」と喧伝されてきた世界においても、そのような二項対立図式がきれいに表われてしまうということに、ある種の日本社会論の「磁場」のようなものがまだ根強く残っていることを感じざるをえません。

さて、先ほども紹介した山岸氏は、この「個人主義」と「集団主義」という用語を使うことに異議を唱えています。というのも、とりわけ集団主義といった言葉は、それが「日本人」に特有で、未来永劫不変な性質であるかのような印象を与えてしまうからだというのです。

そこで山岸氏は、経済学者・青木昌彦氏の「比較制度分析」を援用しながら、日本の集団主義／アメリカの個人主義といった文化的特性は、あくまでゲーム理論的な意味での「均衡」として——これはつまり「他の人もそう振る舞うはずだから、私もそう振る舞うことにする」というデフォルト的な予期に従って人々が振る舞う結果として——、あたかも不変な性質であるかのように、私たちに観察されているのではないかと示唆しています。[13] つまり、それは当然ながら「日本人の遺伝学的本質」などといった不変性を有したものではないというのです。

これに対して山岸氏が提案しているのが、「信頼社会／安心社会」という区別です。[14] 前者が米国、後者が日本を指します。よく知られているように、山岸氏が行なってきた社会心理実験はとてもユニークで興味深いものです。山岸氏は、一般的に「日本は集団主義的、アメリカは個人主義的」という認識があるので、アメリカのほうがあまり他人を信用していないのではないか、と日本人は考えがちだが、実験を行なうと事実は逆であるということを明らかにしています。それはなぜかというと、アメリカのように、人的流動性の高い社会では、不確実な環境のなかでも、よりよい交渉や協働のたを探すために、まずは見知らぬ他人の信頼度を高く設定しておいて、いざその相手が「信頼」にたる人物かどうかを、後から細かく判断・修正するほうが効率的だからです。こうした相手の信頼度を検知するスキルのことを、山岸氏は「社会的知性」と呼び、そのようなスキルが社会成員にわたって広く発達（進化）している社会のことを、「信頼社会」と呼んでいます。

一方、日本社会は関係の流動性が少なく、ずるずるべったりな相互依存的関係を築いたうえで、その「内輪」のメンバー間で協力したりすることが多くなります。なぜかというと、人間関係があまり流動しない状態では、自分が所属する集団に対する「内輪ひいき」をして、「内輪」を裏切らないでいることが、結果的には「合理的」になるからです。そこでは、その場の人間関係に常に注意を払い、はたして誰が「仲間」で誰が「余所者」（敵）なのかを見分ける、「関係検知的知性」が進化すると山岸氏はいいます。「空気を読む」といった現象も、そのうちに含められるでしょう。こうした社会では、「個人」のレベルで誰が信頼に足るべき人かを見分ける「社会的知性」はあまり必要とされず、むしろ「集団」のレベルで、誰と誰が仲間なのかといった人間関係を見分ける知性のほうが重要になるというわけです。山岸氏は、こうした社会を「安心社会」と名づけています。

つまり山岸氏の議論は、「個人」の間で関係性を結ぶことを「信頼」と呼び、どの

「集団」に属しているかを見て関係性を結ぶことを「安心」と呼ぶという対比構造を取っています。そしてこの図式には、本章で見てきたような、個々人の間で評判情報を取り交わすブログと、「2ちゃんねらー」という巨大な内輪に帰属することで協働の相手を選定する2ちゃんねるという、二つのソーシャルウェアの特性が、見事に現われているように思われます。

日本社会論としての2ちゃんねる論

「個人主義／集団主義」という言葉を用いるにせよ、山岸氏の「信頼社会／安心社会」という言葉を用いるにせよ、少なくとも2ちゃんねるという日本特有のソーシャルウェアの進化プロセスには、その社会におけるなんらかの社会的傾向や性質が反映されているように見えるということ。この認識を踏まえるならば、2ちゃんねるというソーシャルウェアに対する評価は、これまでの日本社会論が辿ってきたのと同様に、大きく二つの立場に分かれるものと思われます。

文化人類学者である青木保氏の『日本文化論の変容』(一九九〇年)によれば、敗戦後の日本社会論は、ルース・ベネディクトの『菊と刀』(一九四六年)が提示した、「集団主義」という日本社会の性質をめぐって、大きく二つの立場に分かれてきたといいま

す。すなわち、

第一の立場――とりわけ敗戦直後の時期、日本社会論の多くは、日本社会の集団主義的な性質が、西欧近代に対する圧倒的な敗北に至る原因となったのであり、これを是正していかねばならないと主張してきた。

第二の立場――これに対して、高度成長を経て日本が経済的に大きく成長を遂げるようになると、日本の集団主義的な性質が、むしろ日本の高度な産業化と急成長を支える原動力になっているのだ、と主張するようになった。

きわめて単純化していえば、このような否定／肯定の立場に二分されてきたというわけです。

こうした対立の構図は、2ちゃんねるをめぐっても完全に反復されているということができます。たとえば梅田氏のように、「ウェブは個をエンパワーメントする」という信念を持った論者から見れば、2ちゃんねるのようなアーキテクチャは、個をエンパワーメントすることに役立たないという点で、否定されるべき存在ということになるでしょう。いやむしろ、それは個として（名前を明らかにして）言論活動を行なう人々に対して、匿名というヴェールを被って、いくらでも反撃反論のリスクを負うことなく、誹謗中傷を行なうための「絶対安全地帯」になってしまうという点で、2ちゃんねるは忌むべき存在に見えることでしょう。

また山岸氏は、グローバリゼーションの影響で今後日本社会が流動化していくことは避けられない以上、従来型の「安心社会」から「信頼社会」の側へと移行する必要があると――そして昨今の日本社会で生じた問題の数々が、こうした環境の変化に対応することができずに、いまだに「安心社会」のモデルで動いてしまっているからだと――述べています。つまり、流動性の高い社会においては、「安心社会」の社会運営方法は、もはや非合理的で非効率的なしろものだというわけです。

こうした視点に立てば、2ちゃんねるのような集団主義／安心社会型のソーシャルウェアは、否定されるべき存在としてみなされることでしょう。それは旧態依然とした日本社会の特性をひきずってしまっており、それゆえにこそ否定されねばならないわけです。日本社会論の文脈でいえば、とりわけ戦後の知識人の多くが、日本社会は（単に「産業化」を遂げるという意味とは異なる意味での）「近代化」を遂げることに失敗してきたと考え、なんとかして自立した市民社会が到来することを願ってきました。そうした視点から見れば、2ちゃんねるの存在は、日本がいまだにその「近代化」のプロジェクトに失敗し、民度も低いまま、市民社会が成熟しなかったことの表われに見えてしまうことでしょう。

しかしその一方で、本章を通じて見てきたように、2ちゃんねるは、グーグルがまだ存在しなかったウェブ空間上において、それでも効率的にテキスト情報を流通させるための「生態系《エコシステム》」として発生し、今日まで存続してきたものとみなすことができます。かつて二〇〇四年頃には、それまで頻繁に起きていた「祭り」現象がなりをひそめていったことで、「2ちゃんねるの時代の終焉」が語られたこともありましたが、[15]それでも二〇〇八年の現在まで2ちゃんねるが健在であるということは、そのソーシャルウェアのパフォーマンスが、理由はどうあれ高いということを意味しているように思われます。

そしてそのパフォーマンスの高さがどこに由来するのかといえば、2ちゃんねるの匿名掲示板というアーキテクチャが、日本の集団主義／安心社会的な作法・慣習・風土にマッチしていたからではないでしょうか。かつて高度成長後の日本社会論が、集団主義的性質をこのようにポジティブに捉えたように、私たちは2ちゃんねるをこのように「評価」することもまた可能なのです。

前章でも参照した経営学者の藤本隆宏氏は、比較的こちらに近い考え方を示しています。たとえば藤本氏は、トヨタに代表されるような日本の自動車産業の強さの源泉を、次のように説明します。[16]そもそも自動車という工業製品は、設計段階で構想した機能を、そのままモノ（自動車の場合は主に「金属」など）に〈転写〉することが難しいという特性を持っている。つまり自動車の製造にあたって、「最高速度が上昇すればタイヤの摩擦が問題になる」といった具合に、何か性能を突き詰めていこうとすると、部品間の相互依存関係（相互に影響が出る度合い）が問題になりやすいということです。これは裏を返していえば、部品間をばらばらに切り離して設計・開発することが難しいという意味で、「モジュール度」（分割可能性）が低いと表現できます。こうしたモジュール度の低い製品を高いレベルで完成させるためには、地道に根気よく各部門間や部署間での調整・協議を行なうといった、いわゆる「すり合わせ」のプロセスが必要になる。そして日本の自動車産業が「強い」のは、日本の企業・組織文化が、こうした「すり合わせ」のプロセスと相性が良かったからではないかと藤本氏は分析しています。

これとは逆に、経営学者カーリス・ボールドウィンとキム・クラークの議論を援用すれば、米国でIT産業がとりわけ発展したのは、PCを初めとする製品のモジュール度が高く、これが米国の組織文化とマッチしたからだと考えられます。つまり、米国の「業務範囲は契約で事前に明確に定めて徹底的に分業し、『すりあわせ』が生じる余地を極力減らす」という組織文化と、情報技術の相性がよかったというわけです。

このように、2ちゃんねるの存在は、それを肯定するにせよ、否定するにせよ、日本社会論の構図のなかに収まってしまうところがあります。ここで筆者は、そのどちらの立場に立つということはしませんが、おそらく2ちゃんねるの存在は、いま変わりつつある日本社会がどのような方向へ進んでいくのか、その方向性を占うための「試金石」のようなものかもしれない――そう筆者は考えています。

はてなダイアリーと「文化の翻訳」

さて、最後にもう一つ、上に見たような「アーキテクチャと文化の相性」という面を考えるためにエピソードをつけ加えたいと思います。それは「はてなダイアリー」というブログサービスのことです。

二〇〇三年、まだブログの存在がウェブ上の一部でしか知られていなかった頃に、「はてなダイアリー」は登場しました。それは、「トラックバック」という相互リンクの仕組みに替わるものとして、（文中のはてなダイアリーキーワードが自動的にリンクされる）「キーワードリンク」というシステムを備えており、当時のブログユーザーの間でも評判を集めていました。

この仕組みは、「トラックバック」がユーザーによる自発的な操作を必要としていたのに対し、ユーザーを自動的にキーワードによって繋いでしまうという点において、「アーキテクチャ」の特性をうまく活かしたものになっています。この点を、東浩紀氏は次のように説明しています。

僕の考えでは、たいていのはてなダイアリーのユーザーは、最初は自分のダイアリーページしか作らないつもりなんですよ。でも、日記を書いていると、いつのまにかキーワードリンクを介して半ば強引にはてなコミュニティ全体へと結びつけられてしまう。自分のページだけを作っているつもりが、あちこちが勝手にハイパーリンクになっていて、それらをクリックするとキーワードが載っている。そしていろいろ見てまわっていると、自分に納得のいかない解説が書いてあるキーワードを見つけるわけです(笑)。すると、これを直すにはどうしたらいいんだろうというモチベーションが生まれて、キーワードの修正や作成へと自然に誘導されていく。そういう過程は実際に機能していると思いますが、この誘導方法はかなり優れていると思うんですね。

(東浩紀「多様性のパラドクスと「設計者の設計」問題」ised@glocom 設計研第二回、二〇〇五年)

はてなダイアリーは、こうしたアーキテクチャ上の「導線設計」によって、当時きわめて活発なブログ・コミュニティとして評判を集めていたのです。その要因について、株式会社はてなの近藤淳也氏は、あるインタビュー記事のなかで次のように答えています。

米国発のブログの最大の特徴はトラックバックです。参照した人のブログに『あなたの記事を参照しましたよ』ということを伝える機能で、これによってサイトが相互につながってコミュニケーションが生まれています。（中略）

日本人は知らない人に気軽に声をかけるのはどちらかというと苦手ですよね。トラックバックは、面識のない人に対する明示的、意識的なリンクです。例えば電車でたまたま隣り合わせた、自分と同じ本を読んでいる人に議論を持ちかけるような感覚と言えるかもしれません。

はてなダイアリーでは文中のキーワードから、同じ言葉を使ったサイトにリンクがいわば勝手に作られるので、意識しないでも他人と関係が成り立つ仕組みになっています。知らないうちにこっそりとリンクをつけてあげている、という形なので内気な日本人に向いています。結果的にこのあたりの微妙な『間』が、日本のユーザーに受け入れられている理由の一つだと思います。

（近藤淳也「和製ブログサイト」の先駆者、日本一の秘密――近藤淳也はてな社長」『NIKKEI NET』二〇〇四年）

トラックバックは、ブログユーザーが自発的に、面と向かって「あなたにリンクしたよ」ということを通知するシステムであり、これはいわゆる「恥の文化」——これは「集団主義」と並んで、ベネディクトが日本文化の特性として挙げたものですが——を持つ日本人にとっては、それは気恥ずかしいことに感じられてしまうと近藤氏は考えた。これに対して、はてなダイアリーは「キーワード」というクッションを一段はさむことで、お互いに面と向かってコミュニケーションを取る必要なく、互いの存在がリンクされる。だから、はてなダイアリーは、「気恥ずかしい」といった心理的負担をかけることなく、リンクを伸ばしていくことができる。それゆえに、日本のユーザーにも受け入れられたのではないか。こう近藤氏は説明しているわけです。

もちろん、いまではてなダイアリー以外のブログシステムも大いに成長しており、しかもトラックバックが決して日本のユーザーの間で使われていない、というわけではありませんから、こうした近藤氏の考察は、いまではその妥当性を失いつつあるともいえるでしょう。

しかしそれでも、近藤氏が上のようなはてなダイアリーの開発手法を、「ソフトの翻訳」ではなく「文化の翻訳」と表現している点は、いまでも着目に値する言葉だと思われます。英語圏で使われるソフトウェアのインターフェイスを翻訳するだけでは、日本ではあまり受け入れられないことがある。そのとき必要なのは、ソーシャルウェアのアーキテクチャの内部にまで踏み込んで、日本のコミュニケーション文化・作法・慣習に合わせたものに作り変えることだというわけです。こうした近藤氏のアーキテクチャの設計思想は、藤本氏のいう「アーキテクチャと文化の相性」を的確に捉えたものといえるでしょう。

そして、本章で触れた2ちゃんねるにはてなダイアリー、そして次章以降見ていくミクシィ、ウィニー、ニコニコ動画といった日本のソーシャルウェアの進化史のなかに、私たちは、「アーキテクチャ」が「日本文化」にすり合わされていくプロセスを——設計者がそれに自覚的かどうかはともあれ——見出していくことになるでしょう。この点は、以後本書の「通奏低音」にもなっていきます。

〔1〕S／N比とは、「シグナルとノイズの比率」のこと。情報理論的には、この比率が小さいということは、ノイズの混じる率が高いことを、ひいては情報の鮮明さが失われることを意味します。

〔2〕スレへの投稿が一定期間内存在しないと、過疎状態と判定され、スレ一覧に表示されなくなる状態を指す（投稿最大制限数まで到達した場合も同様の状態になりますが、これは「ｄａｔ落ち」とは呼ばないようです。ただし、ここではその区別はあえて無視してこの用語を用います）。つまり、そのスレに書き込みを続ける（コミュニティとして機能させる）には、「ｄａｔ落

ち」に陥ることを防ぐために、定期的になんらかの書き込みを行なう必要があります（これは「保守」と称されています）。

〔3〕「2ちゃんねる専用ブラウザ」では、たとえば一日あたりのレス数が「三〇〇」というように、そのスレの「勢い」（スレッド消費速度）が表示されています。

〔4〕「『2ちゃんねる』と『ニコニコ動画』のひろゆき氏が語る――ゲーム・コミュニティ・文化」『4Gamer.net』二〇〇八年、〈http://www.4gamer.net/games/015/G001538/20080301003/〉。

〔5〕二〇〇四年頃、2ちゃんねるの中心地は、「ニュース速報（ニュー速）板」と呼ばれる、主にニュース記事についてのコミュニケーションを行なう板だといわれていました。ちなみに北田暁大氏の『嗤う日本の「ナショナリズム」』（二〇〇五年）で考察の対象とされていたのが、このニュー速でした。しかし、二〇〇四年頃、ある日この板に、どこからともなく、まったく時事的なニュースとは関係のないスレッドを書き込む者たちが現われました。たとえばそれは、「今日、俺の母ちゃんが××した」といったような、つまり「どうでもいい日常的な話題」についてのスレッド（クソスレ）でした。その多くはニュー速の住人たちを小馬鹿にするためのジョークとして立てられていたため、これを問題視したニュー速側は、こうした「クソスレ」を追放するために「kuso 機能」を用意しました。こうした2ちゃんねる内で生じた「内戦」の結果誕生したのが、VIP板だったといわれています。

〔6〕ゲマインシャフトとゲゼルシャフトとは、ドイツの社会学者テンニエスによる古典的な概念で、地縁や血縁に基づく社会集団がゲマインシャフト、企業組織や大都市のように、利害関係に基づいて人為的に組織されるのがゲゼルシャフトとされています。

〔7〕北田暁大氏の『嗤う日本の「ナショナリズム」』（二〇〇五年）では「《繋がり》の社会性」

と、『広告都市・東京』（二〇〇二年）では「つながりの社会性」と表記されていますが、ここでは「繋がりの社会性」で統一します。

〔8〕鈴木謙介『暴走するインターネット』イーストプレス、二〇〇二年。

〔9〕「【磨】『ネットイナゴ』がふさわしい」『ＩＴニュース・イザ！』二〇〇七年、〈http://www.iza.ne.jp/news/newsarticle/40383/〉（現在はリンク切れ）。

〔10〕ベネディクト・アンダーソン『想像の共同体（増補版）』ＮＴＴ出版、一九九七年。

〔11〕梅田氏が2ちゃんねるやニコニコ動画に言及する機会はきわめて限られています。かつて連載していた『CNET Japan』上のブログ連載で『電車男』について言及した記事と、ブログ上で「羽生対中川」戦を視聴したことに触れた記事など、まったく言及が皆無というわけではありませんが、少なくとも書籍上では、それらのサービスに言及することはありません。

〔12〕梅田望夫「直感を信じろ、自分を信じろ、好きを貫け、人を褒めろ、人の粗探ししてる暇があったら自分で何かやれ」『My Life Between Silicon Valley and Japan』二〇〇七年、〈http://d.hatena.ne.jp/umedamochio/20070317〉。

〔13〕山岸俊男『日本の「安心」はなぜ、消えたのか』集英社インターナショナル、二〇〇八年。

〔14〕山岸俊男『心でっかちな日本人』日本経済新聞社、二〇〇二年。

〔15〕東浩紀＋北田暁大他「『2ちゃんねるの時代』の終焉をめぐって」『ised@glocom（情報社会の倫理と設計についての学際的研究）』倫理研第一回、共同討議第一部、〈http://ised-glocom.g.hatena.ne.jp/ised/20041030〉。

〔16〕藤本隆宏『能力構築競争』中公新書、二〇〇三年。

第四章
なぜ日本と米国のSNSは違うのか？

mixi／facebook

ミクシィの「招待制」の特異性

本章では、日本最大のSNS「ミクシィ」と、二〇〇七年から急成長を遂げている米国のSNS「フェイスブック」について扱います。

いま筆者は、この両者を同じ「SNS」(Social Networking Service) という一般名称で呼称しました。いまではほとんど定義なしで用いられるようになった言葉ですが、しいて定義すれば、「サイト内での友人・知人関係の構築(ネットワーキング)を目的に、プロフィールや友人リストなどを登録・公開するコミュニティサイト」といった程度の意味になるでしょう。

しかし、筆者の考えでは、日本と米国では、同じSNSと呼ばれていても、そのアーキテクチャに大きな違いが存在しています。以下では、その比較を行なっていくことにしたいと思います。

ミクシィは、日本のネットサービスのなかでも、とりわけ急スピードでユーザー数を獲得したサービスであるといわれてきました。二〇〇四年三月にオープンして以来、その約一年半後の二〇〇五年八月には百万人、そして二〇〇六年七月には五百万人、そして本書執筆時の二〇〇八年七月には千五百万人のユーザー数に達しています。はたしてその急成長を支えてきた要因はなんだったのでしょうか。

この急成長を考えるうえで、あらためて驚くべきことは、ミクシィのユーザーになるためには、すでにミクシィを利用しているユーザーから「招待」してもらう必要があるという点です（文庫版注：二〇〇九年春より「招待制」廃止し「登録制」へ）。またミクシィ内のあらゆるページは、ミクシィユーザーでなければ見ることができません。いわばミクシィは、前章まで見てきたいわゆる「ウェブ」からは隔絶された（リンクしてもアクセスすることができない）空間になっています。こうしたミクシィの特徴を、ここでは「招待制型アーキテクチャ」と呼んでおきましょう。

さて、実はこのような「招待制」を採用しているSNSは、世界的に見てもかなり小数派です。たとえば世界最大のSNSと呼ばれる「マイスペース」や「フェイスブック」は、招待を受けずに新規登録を行なうことができます。ちなみに、日本で最初に「SNS」として認知されたのは、おそらく二〇〇三年にグーグルの社員が開発した「オーカット」というサービスだと思われますが（特に一部のブログユーザーを中心に、瞬発的に話題を集めました）、オーカットは招待制を採用していました。これに対し、その後米国で大きく成長したSNSの多くは、その仕組みを採用していません。おそらく日本のネットユーザーから見れば、そもそもログインすることなしにユーザープロフィールを閲覧することができてしまう「オープン」型のマイスペースは、ブログか「プロフィールサービス」と呼ぶほうが自然に感じられるはずです。

普通に考えれば、ミクシィのような招待制型アーキテクチャと、そうではない非招待型（自由登録型）の二者を比較すれば、ユーザー数を集めやすいのは、招待制を採用しない後者だと考えられそうなものです。たとえば、過去にマイスペース社の創業者は、日本でのサービスを開始した際、メディアからの取材に対し、マイスペースは「誰でも自由に登録できるため招待制のミクシィより速く成長できる」といった趣旨のコメントをしていました。

しかし、この推測は少なくとも日本においては正しくはありませんでした。というのも、日本ではミクシィの後発として、マイスペースなどと同様の非招待制型のSNSが数多くオープンしましたが、結果はミクシィの一人勝ちだったからです。

これはあらためて立ち止まって考えてみれば、かなり特異な事態であると考えるべきでしょう。ユーザー数を増大させること以外に、基本的にウェブサービスの多くは明確なビジネスモデルを持ちません。であれば、ミクシィのような招待制の仕組みは「敷居の高さ」を意味してしまうわけで、決して好ましくはないはずです。にもかかわらず、ミクシィは二〇〇八年の時点では招待制を堅持し続けており、それでもユーザー数の拡大という点では日本有数のネットサービスとして成長していました。ここには、ユーザー数を獲得しにくいはずの「招待制」を採用しているからこそ、ミクシィは日本最大のユーザー数を獲得していたという逆説的な事態を見出すことができます。

このように、日本のミクシィと、世界の主要SNSを比較したとき、両者はともにSNSというサービス名を冠しているものの、ミクシィはウェブから隔絶しているという点において、その性質を大きく異にしているのです。問題は、なぜこのような「招待制型アーキテクチャ」がとりわけ日本で成長したのかという点にあります。

なぜ閉鎖的なミクシィは日本で受容されたのか？

なぜ閉鎖的なミクシィは日本でとりわけ受容されたのか。その問いは一般的には次のように考えられています。それはミクシィの「外側」のウェブ空間に比べて、安心で安全なコミュニティだからである、と。

当のミクシィは、招待制の仕組みを次のように説明していました。

> 健全で安心感のある居心地の良いコミュニティを醸成して行きたいという想いから、招待なしでの新規登録は行えない仕組みになっております
>
> （「[mixi] 新規登録」二〇〇八年のミクシィ・ホームページより）

逆にいえば、この言葉には、ミクシィの外側に広がっているウェブ上の空間は、不健全で、不安感なしでは使えず、居心地がよくないものであるというニュアンスが込められています。そして、こうした「ウェブ」あるいは「ネット」に対するネガティブな印象は、たしかに日本のネットユーザーの間には多かれ少なかれ共有されてきたと思われます。

これは印象論になってしまいますが、二〇〇〇年前半頃まで、ネットの存在は、とりわけあまりネットを利用していなかった人々から見れば、「2ちゃんねる」がその代表にされてしまっていたように、「誹謗中傷」「爆弾の作り方」「犯罪予告」「ネット心中」といった、ダークでアングラ（アンダーグラウンド）的なイメージで捉えられていたはずです。

また、ミクシィがサービスを開始した二〇〇四年前後は、日本でもブログサービスが相次いで開設されるとともに、コメントやトラックバックに「スパム」が殺到することが問題視され始めた時期に相当しています。あわせて、その後「炎上」「コメントスクラム」などと呼ばれるようになった問題も、ちらほらと見かけられるようになった頃でもありました。ブログ上で何か生産的な議論をしようにも、「荒らし」的なユーザーが介入してくることで、まともにブログ上では議論が成立しづらい、などといった批判的な問題意識も、一部のブログユーザーの間で抱かれていました。

とりわけ日本のウェブ上において、その生態系が「濁った」ものとして認識されるようになった背景には、日本固有のソーシャルウェアの進化史が背景にあると考えられます。本書でこれまで見てきたように、二〇〇〇年代前半の日本のウェブは、2ちゃんねるが巨大なウェブ上の空間として成長してきた一方で、その後グーグルやブログが急速に普及することで、まったく異なる生態系がウェブ上に混在するという状況を導くことになりました。作法もノリも異なるユーザーたちが、ウェブ上であまりにも簡単に――それこそグーグルで検索し、リンク一つクリックするだけで――衝突してしまうという環境が、とりわけブログユーザーの側にとってはストレスフルな状況を生んでしまったのです[1]。

そしてミクシィというＳＮＳは、雑多で猥雑なウェブ空間から「隔絶」したアーキテクチャとして、人々の目の前に登場したのです。いってみればそれは、「グーグルからの逃走」を実現するアーキテクチャだったということができるでしょう[2]。

「儀礼的無関心」から「強制的関心」へ

ミクシィのアーキテクチャとしての性質を理解するために、ここでは、ミクシィが登場する数カ月前、日本のブログ上で話題になった、「儀礼的無関心」と呼ばれる論争について取り上げてみたいと思います。[3]

この論争は、ウェブ上では必ずといっていいほど（不毛な＝決着点を見ない）論争になる話題として知られる、「無断リンク問題」をめぐるものでした。第二章でも確認したとおり、ウェブのアーキテクチャの基本的性質は「リンク」にあります。誰もが自由にウェブ上のリソースに指をさせるということが、ウェブという情報システムの基本思想です。しかし、リンクというのは、リンクされた側はそのことに（アクセス解析などを使わない限り）気づくことができません。つまり、リンクをする側は「自由に」それを行なうことができますが、リンクされる側から見れば、「無断で」「勝手に」リンクを貼られてしまう、と感じる場合があります。

だから、「そうした『無断リンク』はやめてほしい」と主張する（お願いする）人々がしばしばウェブ上には現われます。これに対し、「リンクはもともとウェブに備わっている本質的な機能なのだから、無断リンクを禁じようとするのはおかしい」と反論する人々が出てきます。これに対して、「しかしリンクをされない自由が認められてもいいだろう」と再反論が現われ、さらに「いやいやリンクはウェブの基本的な思想なのだから、それが嫌ならウェブなんてやめてしまえ」……といった形で、「無断リンク」をめぐる論争は、ウェブの基本思想を是とする側と、そうではない側の間で議論が平行線を辿ってしまいがちです。

「儀礼的無関心」という言葉は、こうした論争に新しい視角を持ち込むものでした。それはこういうものです。あるところに、ひっそりと書かれていた日記サイトのようなものがあったとする。そしてまた別のとある人が、「この日の日記が面白いんだよ」ということで（無断で）リンクを貼って誰かに紹介する。すると、そのリンクされたことに気づいた側は、ひっそりと書いていたつもりなのに、たくさんの人に読まれるのはいやだということで、その日記を消してしまう。あるいはサイトを閉鎖してしまう。……こうした無断リンクによってサイトが閉鎖されてしまうのは悲しいことだ。そうした事態を回避するためには、無断リンクをなるべく控えるという作法が必要なのではないか。「儀礼的無関心」論争の発端となった問題提起はこのようなものでした。

こうした「無断リンクを控える」という作法を、この論争の火つけ役となったライターの松谷創一郎氏は、社会学者アーヴィング・ゴフマンの「儀礼的無関心」という言葉でいい表わしました。これは街中や電車の中といった公共空間（不特定多数の人がいる空間）では、人は互いに目線を合わせない（合ってもすぐにそらす）というように、「互いが互いに関心を持っていないんですよ」というポーズを儀式的に取っていることを指したものです。つまり、都市空間において、私たちは、なるべく思ったことは表面に出さずに、あくまで無関心を装うのが礼儀であると考えている。こうした「儀礼的無関心」の作法が、ウェブ上にも必要なのではないか、というのが松谷氏の問題提起でした。この論争がとりわけ興味深かったのは、最終的に、この「儀礼的無関心」という作法が、実は「他人の日記をこっそり覗き見たいという不埒な欲望」によって提示されたことが判明した点にありました。これによって、当の論争自体は、「そもそも他人のページをこっそり覗き見したいとはけしからん」という欲望の是非をめぐるものへとシフトしてしまい、収束してしまう結果になりました。しかし、これは実に興味深い論点を提示しているように思われます。

通常、ウェブの仕組みでは、リンクを貼ると、そのリンク先のウェブサーバに、リファラと呼ばれる「どのページからリンクされたのか」[4]に関するデータが残ってしまいます。たとえば「はてなダイアリー」や「tDiary」では、「リンク元のページ」という一覧が自動的にリストされ、どのページから何アクセスあったのかが見える仕組みになっています。これに対し「儀礼的無関心」は、リンクを貼らずにその対象のページを閲覧することで、リファラを相手に通知することなく、「どこからいま自分が見られているのか」を気づかせずに、こっそりと覗き見するための手法ということになります。

実はこうした「儀礼的無関心」に近い作法は、2ちゃんねる文化圏ではよく実践されていたものでした。たとえば2ちゃんねるなどでは、「ttp://…」からはじまるURLのコピペがよく見られますが、これは直接ブラウザのURL欄に入力することで、リファラなしで直接対象のページにアクセスすることを推奨するものです。また、2ちゃんねるでは、URLを投稿すると、自動的にそれがリンクに変換されるのですが、これをクリックすると、いったん「http://ime.nu/…」という広告バナーだらけのページが間に挟まる仕組みになっています。こうした「中間ページ」を挟み込んでおけば、リンク先のウェブサーバには、「とりあえず2ちゃんねるからリンクされたらしい」ということまではリファラから知ることができても、はたしてどのスレッドからリンクされたのかまでは、わからなくすることができるわけです。

さて、こうした「安全に対象を覗き見する＝リファラを相手に残さない」という振る舞いは、比喩的にいえば、ちょうどケータイにカメラ機能が搭載されはじめた頃、こっそり誰にも気づかれずに、ケータイの画面を見ているフリをしながら、しれっと写真を撮影（盗撮）できたことに近いといえます。

なぜこの比喩を筆者が持ち出したのかといえば、その後こうした不埒な「盗撮」的行為の問題は、「ケータイのカメラのシャッター音は消すことができない」というアーキテクチャ上の仕掛けを搭載することによって、あらかじめ規制される（「盗撮する自由」を封じ込める）に至ったからです。これはレッシグの言葉を使えば、「盗撮」という行為を封じるのに、人々に対して「盗撮はいけないことだ」という規範を守らせるのではなく、「盗撮はシャッター音が必ず鳴るので物理的に無理」というアーキテクチャを通じた規制方法を用いたのだということができます。そしてミクシィのアーキテクチャは、ちょうどこの「シャッター音」と同じ役割を提供しています。それは「足あと」機能のことです。ミクシィでは、ログイン後のサイト内でのユーザーの行動をトレースすることで、誰が自分のページにアクセスしたのかを知ることができます。この機能によって、リンクされた側（アクセスされた側）がすぐさまリンクされたという事実に気づくことができるだけではなく、「儀礼的無関心」的なアクセス、つまりリンクを貼らずに直接アクセスすることで安全に覗き見をするという行為すらも、事実上不可能にすることができるようになります。いうなれば、ミクシィは「足あと」機能というアーキテクチャ上の仕掛けによって、「儀礼的無関心」という規範的な振る舞いを、「強制的関心」――誰が誰に関心を示しているのかをすべて明らかにしてしまう――へと変換してしまうわけです。

2ちゃんねるに続き、ミクシィまでもが「繋がりの社会性」に

ここまでの考察を要約しましょう。ミクシィのアーキテクチャは、招待されざる者のアクセスを遮断し、招待された者だけをその内側に引き入れる。そして、その内側の住民たちの行動履歴を逐一追跡し、住民間の「覗き見」の自由を奪い、「足あと」という

「強制的関心」の儀礼を自動的に発生させる、というものでした。

さて、こうしたミクシィのアーキテクチャ上の特徴は、「建築《アーキテクチャ》」という字義通りの意味に引きつけるならば、米国の富裕層向けの高級セキュリティ住宅街として知られる、「ゲーテッド・コミュニティ」の姿になぞらえることができるでしょう。その安心で安全なコミュニティのあり方は、一部のウェブに対する「理想主義」を抱く論者たちの目から見れば、否定的なものに映っていました。

ここでいう「理想主義」とは何か。ミクシィが登場した二〇〇四年前後というのは、海の向こうの米国では、ブログ・ジャーナリズムやSNSの政治活動への利用といった事例が注目され、インターネットを通じた「民主主義の再民主化」、あるいは「電子公共圏」の可能性が積極的に語られていました。[5]

しかし、こうした米国の状況とは大きく異なり、日本のミクシィは、予期せぬ他者との接触や討議の機会に開かれたウェブという「公共圏」から退却するための「コクーン」（繭《まゆ》）として人々に受容されるに至りました。しかも、その安全な空間の内側において、人々がまだしも公共的で有益な内容ある議論を展開するのならばまだしも、ミクシィ上のコミュニケーションは、そのほとんどが、友人同士のたわいもない日記と、そこにつくコメントと「足あと」を日々確認しあうというものでした。少なくとも筆者は、ミクシィ上の日記やコミュニティ上での議論が、ミクシィを超えて幅広く人々に読まれたという事実を寡聞にして知りません。[6]

こうしたミクシィ上のコミュニケーションのあり方は、前章でも紹介した北田暁大氏の「繋がりの社会性」の性質を見事に体現しています。「繋がりの社会性」とは、要するに、特に内容のない、ただ互いに「繋がっていること」だけを確認するために行なわれる、自己目的型のコミュニケーションを意味していました。ミクシィの「足あと」機能は、「私はあなたの日記を読んだ」という〈事実〉を、もはやコメント欄で言葉を使うことなく通知できるという意味で、まさに「繋がりの社会性」をアーキテクチャ的に実現したコミュニケーション機能といえるでしょう。

これは皮肉なことに、匿名性がきわめて薄いはずのミクシィでさえ、結局は匿名掲示板の2ちゃんねると同様の性質を帯びてしまったということを意味しています。つまり、結局日本のウェブ上では、匿名掲示板の2ちゃんねると、ゲーテッド・コミュニティのミクシィという、ともに「繋がりの社会性」によって特徴づけられるようなソーシャルウェアが台頭してしまったということです。日本では、こうしてついぞ「電子公共圏」を樹立するというプロジェクトが成立することはなく、若者たちは「繋がりの社会性」に耽溺している。とりわけウェブに理想的な可能性を夢見ていた人々であれば、このようにミクシィの存在を苦々しく思っていたに違いありません。

「繋がりの社会性」批判は妥当なのか？

しかし、ここであらためて立ち止まって考えてみたいのは、なぜ2ちゃんねるやミクシィの「繋がり」はこうも批判されてしまうのか、ということです。というのも、同じ「繋がり」という単語は、異なる文脈に置かれることで、肯定的な意味合いを帯びて使われることが少なくないからです。

たとえばビジネスや地域活性化の文脈では、同じ「繋がり《ネットワーク》」という言葉は、「人脈」や「社会関係資本《ソーシャル・キャピタル》」といったものの重要性を論じるためのキー概念になっています。また米国のSNS「リンクドイン」[7]は、米国のビジネスパーソンたちの「転職活動」や「人脈づくり《ネットワーキング》」に役立つサービスとして知られています。

それでは、どうして同じ「繋がり」という概念が、若者論ではネガティブに、ビジネス論ではポジティブに扱われるのでしょうか。結局のところ、その背後には、コミュニケーション技術の「インストゥルメンタル」（道具的）な利用と「コンサマトリー」（自己充足的）な利用という、二項図式の存在があるからです。コミュニケーション技術は、しかるべきスキルと知識を持った「大人」なユーザーが、目的を達成するための「道具」（手段）として使いこなすべきである。しかし「若者」たちは、さしたる目的も持たぬまま、そこでのコミュニケーション自体を「自己目的化」してしまい、2ちゃんねるやミクシィのようなもので暇つぶしをしてしまう。それはけしからんことだ、というわけです。

しかし、この図式はいささか問題ではないかと筆者は考えています。誤解のないように強調しておけば、「若者（批判）論」という言説自体が問題だと指摘したいのではなく、その「分析の精度」という観点を筆者は問題にしたいのです。

というのも、上のような図式では、「目的を持っているかどうか」（利用目的を自覚しているかどうか）という曖昧な点によって、「インストゥルメンタルか」（大人的か）／「コンサマトリーか」（若者的か）という線引きが恣意的に行なわれてしまうからです。

あらためて確認しておけば、本書の立場は、2ちゃんねるやミクシィといったサービスを「アーキテクチャ」の概念で読み解く、というものでした。第一章でも確認したとおり、アーキテクチャの公準的な特徴は、そのユーザーに自覚的な利用というものをそもそも意識させない点にあります。だとするならば、情報環境の利用者における「利用目的」の有無を軸に分析を行なうことは、原理的には意味をなさないわけです。むしろ問うべきなのは、なぜ人々は無意識のレベルでミクシィのようなアーキテクチャを求めているのか、そのメカニズムを明らかにすることにあります。

人間関係のGPSとしてのミクシィ

人々はミクシィに何を求めているのか。すでに本章では、この点を「グーグルからの逃走」と「繋がりの社会性」という言葉で説明しましたが、ミクシィを利用する若者たちのなかには、暇さえあれば、ケータイで「マイミク」（ミクシィ上の「友人」のこと）の日記更新一覧を確認し、「足あと」をチェックするという「ミクシィ中毒」と呼ばれるユーザーが少なくありません。はたして、何がそこまで人々をミクシィに耽溺させるのでしょうか。

その点を考えるうえで、ケータイメールの「返信速度」（どれくらいの速さでメールを返してくるか）にこだわる、昨今の若者に特有の（といわれる）慣習について考えてみましょう。なぜ若者たちは、なるべく速くメールを返そうとするのか。その理由は、返信速度というパラメータが、「いま互いの関係はどれくらい親密なのか」を計測するための数値になっているからです。

たとえ三〇分でも間を空けないように絶え間なく瞬時にメールを送ろうとする若者たちの振る舞いについて、社会学者の土井隆義氏は、『友だち地獄』（二〇〇八年）のなかで、ケータイの「GPS」（位置情報測定機能）にたとえています。若者たちは、デジタル・コミュニケーションを通じて、人間関係という曖昧なものの「距離感」を測定し、いま自分がどのような「ポジション」にいるのかを確認しているというわけです。

ミクシィも、これと同様の役割をはたしています。ミクシィのアーキテクチャ上の特徴は、〈ただミクシィにログインするだけ〉〈ただ他人の日記を読むだけ〉というサイト上での行動が、自己や他者に対する「意味」を持ちやすいという点にあります。「足あと」はまさにその一つですが、ほかにもミクシィでは、「いつログインしたのか」といった履歴情報が自動的に記録され、他人にもチェックできるようになっています。つまりミクシィは、さまざまな行動履歴を自動的に記録し、観察可能なものにすることで、人間関係の「距離感」という曖昧なものを認識し、評価し、解釈し、推察するためのリソース（資源）を提供してくれるアーキテクチャなのです。

こうした資源＝情報を組み合わせていくと、たとえば「あの人は、ミクシィには頻繁にログインしているが、自分のページには頻繁にアクセスしてこない」「私はよくあの人の日記にアクセスするが、向こうはぜんぜんアクセスしてこない」といったことを、気にしようと思えばいくらでも気にすることができます。それが気になるのは、たとえば「いまあの人は自分に興味があるらしい」「自分は無視されているのではないか」「いまあの人は私のことが好きなのかもしれない」といった人間関係の「解釈」を引き出そうとするときでしょう。

ですから、ミクシィにハマる理由の一つに、「友人以上・恋人未満」と俗にいわれるような、曖昧で流動的な人間関係をミクシィ上に持ち込んでいるかどうかが挙げられます。これは統計的に調査したわけではありませんが、ミクシィにとりわけハマるユーザー層の一つとして、「大学一年生」が挙げられるのではないかと思います。彼／彼女たちは、入学と同時に、クラスやサークルの友人たちをミクシィ上の友人として登録し、日記やコメントで毎日たわいもないコミュニケーションを交わすようになる。それはなぜかといえば、大学入学当初は、とりわけ人間関係の（物理的／解釈的双方の意味における）「流動性」が急激に上昇するからだと考えられます。つまり、人間関係の距離感を計測するツールへのニーズが急激に高まる時期に相当している、ということです。

このように考えていくと、あながちミクシィはコンサマトリーな、つまり目的もなく用いられるコミュニケーション・ツールとはいえません。たしかに、ミクシィ上の日記やコメントや足あとといった一つ一つのコミュニケーションは、さしたる内容を含んでおらず、まさに「繋がり」を確認するために行なわれているにすぎない。しかし、そのコミュニケーションを行なうことを通じて、人間関係の微細な「距離感」を計測するということ。これこそが、ミクシィを利用する人々の隠れた（無意識的な）「利用目的」の一つだといえるのではないでしょうか。

「ミクシィ安全神話」の崩壊
――ケツ毛バーガー事件

さらにもう一つ、ミクシィの隠れた利用目的を考察するうえで、興味深い事例を挙げておくことにしましょう。それは二〇〇六年の一〇月、某大手電機メーカーの社員の実名やプライベート写真などのデータがネット上で大量に流出・閲覧され、大きな物議を醸した、俗に「ケツ毛バーガー事件」と呼ばれたケースです。ちなみにこの事件の名前は、その流出した写真の特徴から取られています。

この事件は、件の社員がP2Pソフトウェア「シェアー」を利用し、ウィルス感染によってデータを流出させてしまったところに端を発しています。ここまでは、よくあるP2P上の個人情報流出事件と変わらなかったのですが、一部ユーザーの検証活動によって、ミクシィ上のプロフィールや日記などの情報を通じてこの社員の実名が特定されるや否や、そのプライベート写真がネット上を駆け巡ることとなりました。こうした事件は、以前から2ちゃんねるとブログの境目で起きる「ネットリンチ」や「炎上」として問題視されていましたが、ついにミクシィにもその矛先が向かったケースとして、当時大きな注目を集めました。この事件を受けて、人々は口々にミクシィの「安全神話」

の崩壊を語ったものです。

しかし、いま、この事件についてあらためて注目すべきポイントは、なぜミクシィ上で個人情報が流出してしまったのかという点です。一見すると、この問いに答えるのは簡単なように思われます。ミクシィでは、ユーザーのプロフィール情報や日記の内容は、「全体に公開」から「友人まで公開」と、細かく設定することができるのですが、当時ミクシィでは、デフォルトの設定として「全体に公開」となっていました。そのため、いったんミクシィのゲートをくぐってしまえば、悪意あるユーザーであってもその情報にアクセスすることができてしまう状態にあったわけです。この事件を受けて、ミクシィの運営側は、実名の公開範囲のデフォルト設定を「友人まで」に変更する対策を取りました。

しかし、筆者が知る限りでは、この事件が起きた後も、少なくないミクシィユーザーの多くが、ミクシィのプロフィールに自分の実名を「登録」しています（ちなみにミクシィは、検索用にのみ自分の実名を登録し、プロフィール欄にはハンドルネームだけを表示する、という二層式の仕組みを採用しているため、プロフィール欄で実名を晒しているとは限りません）。もちろん、上のような事件を単に知らないから、つまりそのユーザーが単に「無知」だから、いまでも実名を登録し続けているのだ、という見方も可能なのですが、ここには、興味深いユーザーの欲望が見えてくるようにも思われます。

というのも、こうした実名を登録するユーザーの利用実態を見てみると、「実名で検索してくる昔の友だちがいるから」といった声が聞こえてきます。つまり、ミクシィに実名を登録するユーザーたちは、プライベートな文脈で参照されるべき実名や日記などの情報を、完全に親密な範囲でセキュアに流通させるのではなく、ミクシィ全体という「そこそこにパブリック」な文脈にも開いておくことで、「もしかしたら今後ミクシィ上で友だちになるかもしれないユーザー」が現われることを期待している、ということなのです。

つまり、ミクシィに実名を登録するという行為は、実はミクシィ内における「SEO対策」のようなものとして——実名を登録しておけば、プロフィール検索で検索される可能性が高まるという意味で——機能しているといえます。「実名」という情報資源は、これまでネットをめぐる議論においては、議論や情報の信頼性を高めるものとして扱われてきましたが、ミクシィにおいては、「繋がりの社会性」を効率的に高めるものとして利用されているのです。

米国におけるフェイスブックの台頭

さて、本章の残りの部分では、米国のSNSの動向について見ていくことにしたいと思います。以下では、二〇〇七年以降、SNSの新興勢力「フェイスブック」が台風の目となり、グーグルとの新たなプラットフォーム間競争が幕を開けたといわれるケースに着目しておきましょう。

フェイスブックが注目を集めたのは、二〇〇七年五月に、同サービス内で利用できる「ウィジェット」（軽量なウェブ・アプリケーション）の開発環境「フェイスブック・プラットフォーム」が公開されたことがきっかけでした。これはしばしば「ソーシャルグラフ」（人と人との関係性を表わすデータ）のオープン化、つまりフェイスブック内の「友人関係データ」が外部からも参照できるようになったと表現されます。

それはこういうことです。イメージしやすくするために、あえて日本のミクシィの例で表現してみましょう。まず、ミクシィのデフォルトの機能では、マイミク（友人）の日記には基本的に文字だけのコメントしかつけることができません。しかし、ミクシィがその環境をオープン化することで、ミクシィ内のマイミクに新たに写真や動画を追加できる機能（アプリケーション）といったものを、ミクシィ以外の外部開発者が自由に開発・提供できるようになる、ということです[8]。

このフェイスブックのオープン化戦略は、多くの事業者やユーザーからの支持と賞賛を集めることに成功し、新たなウィジェット（フェイスブック内で動作する軽量アプリケーション）がサードパーティから次々と提供されました。そのなかには、ごく短期間のうちに、数十万・数百万ユーザーの単位で普及したものも少なくありませんでした。その普及速度の大きな要因こそが、「ソーシャルグラフ」にあるとされています。たとえばフェイスブック上のフレンド同士の間で、「ちょっとこんな写真アップしたから、ウィジェットをインストールして見てみてよ」とメッセージが届くと、そういわれた側は、とりあえずそのウィジェットをインストールすることになります。こうしたユーザー間のコミュニケーションを通じて、ウィジェットが感染的《ヴァイラル》に普及していったのです。

この成功によって、フェイスブックはにわかに新世代の「ウィジェット・プラットフォーム」として注目を集めることとなり、世界シェア第一位の「マイスペース」を追撃する体制に入りました。

さらにフェイスブックは、同年の一一月に、新広告システム「フェイスブック・アズ」を発表しました。これはたとえば「アマゾンでなんらかの商品を購入した」というフェイスブックユーザーの行動結果を、フェイスブック上のフレンドユーザーに自動的に通知する(「最近Aさんは××という商品を購入しました」というメッセージが友人のサイト画面に表示される)というものです。グーグルの「検索連動型広告」になぞらえれば、それは「友人行動連動型広告」とでもいうことができるでしょう。

ちなみにこの仕組みは、ネットコミュニティのビジネスモデルという観点からみて、きわめて革新的なことは間違いありません。なぜなら、それは広告というコミュニケーションの性質を〈見かけ上〉大きく変えてしまうからです。

　これまで広告というものは、それは「企業」から「消費者」へと、「これを買ってください」というメッセージを投げかけるコミュニケーションでした。これに対し、フェイスブックの同システムは、友だちの購買行動がSNS上のフレンドメッセージのように通知されるという〈見かけ上〉の効果によって、広告的なメッセージを「消費者」と「消費者」の間のクチコミ的なコミュニケーションに滑り込ませます。いいかえれば、〈客観的〉に見ればそれは「広告」であるのに、フェイスブックユーザーの〈主観的〉には、友人同士のコミュニケーションに見える、ということです。

　これはたしかに、おそらく広告史に残る画期的な試みといえるでしょう。しかし同システムは、米国の消費者団体から、プライバシー侵害にあたるとして猛反発を受けてしまったため、今後その展開がどうなるかは、少なくない人々の注目を集めています。

フェイスブックvsグーグル、新旧プラットフォーム間競争

　さて、こうしたフェイスブックの躍進は、巨人グーグルを動かすことになりました。グーグルは二〇〇七年一一月に、SNS向けの共通API規格「オープンソーシャル」を発表しています。これは要するに、フェイスブックがソーシャルグラフのオープン化

ではたしたことを、他のSNSでも行なえるようにするためのものでした。世界最大手の「マイスペース」をはじめとする各SNSがこれに賛同を示したことで、SNSの「オープン・プラットフォーム化」の道筋が一挙に開かれる格好となりました。

さらに二〇〇八年二月、グーグルは「ソーシャルグラフAPI」を公開しています。これはSNS上のデータベースに保有されていた、誰と誰が友人関係にあるのかを示すデータを、共通の規格によって表現するというものです。

これらのグーグルが打ち出した施策は、基本的に、フェイスブックの台頭に対抗するものとして受け止められています。Web2・0と呼ばれた一連のムーブメントは、その概念の提唱者ティム・オライリーによって、「プラットフォームとしてのウェブ」と表現されていました。第二章でも触れたように、Web2・0的な現象は、グーグルの存在をあたかも「OS」（オペレーション・システム）のようなプラットフォームとみなすことで成立していたということです。たとえば、「OS」であるグーグルの検索アルゴリズムを踏まえて、CMSにあらかじめSEO対策を施しておく。「グーグルマップAPI」を利用して地図インターフェイスを容易に実現する。「アドセンス」をサービス内に埋め込んで広告収益を得る、といった具合です。

だからこそグーグルは、フェイスブックという新たなプラットフォーム（第二章の言葉を使えば「エコシステム」）の出現に敏感に反応したといえるでしょう。ただし、その対抗戦略は、自らSNSを立ち上げる、あるいはフェイスブックを買収するというものではなく、フェイスブック以外のSNSのオープン・プラットフォーム化を促すことで、フェイスブックが急速に獲得した新たなプラットフォームとしての価値——第八章で触れるジョナサン・ジットレインの言葉を借りれば「生成力」——を〈希薄化〉させてしまう、というものだったわけです。

以上に見てきたように、二〇〇七年以降の米国のウェブシーンは、それ以前のグーグルを中心としたプラットフォーム形成の動向が一段落し、新たにフェイスブックという新興プラットフォームが登場したことで、新旧プラットフォーム間競争の様相を呈したと整理できます。現在もフェイスブック、グーグル、マイスペースの各社は、「データポータビリティ[9]」や「オープンＩＤ[10]」といったオープン化規格をめぐるつば迫り合いを繰り広げています。

しかし、多くの方もご存じのとおり、日本のウェブシーンは、その流れからはほとんど完全に切り離されています。とはいうものの、二〇〇八年五月には、フェイスブックの日本語版の提供が始まったことがメディアでも大きく報じられました。はたしてフェイスブックは日本上陸に成功するのでしょうか？

筆者の回答は、九九パーセント以上の確信度で「否」というものですが、その理由はきわめてシンプルです。なぜなら、すでに日本では、ミクシィが確固たるポジションを築いているからです。ほとんどのミクシィユーザーにとって、同サービスを利用する価値は、「周囲の知人・友人がすでにミクシィを利用している」という点、つまり「ネットワーク外部性」にあります。すでにミクシィは、フェイスブックなどの米国型SNSとは異なる形で、「ソーシャルグラフ」（人間関係）を扱うアプリケーションとして日本の若者たちのコミュニケーション文化に深く根づいており、今後も日本では、フェイスブックのような新興SNSへのスイッチングが直ちに起こるとは考えにくいといえます。

またその一方で、フェイスブックとグーグルのプラットフォーム間競争の幕開けをきっかけに、特に英米圏の論者の間では、今後はあらゆるウェブ上の情報が、（グーグルのページランクがウェブ上のリンク構造を解析・整理したように）「ソーシャルグラフ」によって整理・秩序つけられていくことになる、ともいわれています。しかし、はたして日本でそのような状況は訪れるのでしょうか？　たとえば、一人のユーザーがあちこちのブログ、SNS、ライフログ的なサービスで取った行動の履歴が、ソーシャルグラフ・プラットフォームを通じて、次々に連携していく、といった未来は訪れるのでしょうか？

ブロガーの徳力基彦氏は、グーグルがオープンソーシャルを発表したことについて、「歴史を見ればクローズドなものはオープンなものに必ず敗れる」という法則を引き合いに出すことで、日本のSNSをめぐる状況の変化を期待しています。[11]しかし、それはあくまで「（ある特定の条件を満たした）技術」や「スタンダード」（標準）にあてはまる技術史的法則であって、コミュニケーションをめぐる人々の「欲望」については必ずしも当てはまらないのではないでしょうか。本章では、最後にこの点に関する考察を行なってみたいと思います。

「グローバルSNS」は到来するか？

かつて筆者は、二〇〇六年の二月に、国際大学グローバル・コミュニケーション・センターが主催した、「SNSのアライアンス」という研究会に参加したことがあります。そのときのテーマは、ミクシィのような巨大SNSが一人勝ちしている状況に対し、日本各地で生まれつつある「地域SNS」が分散しながら連携するというシナリオが考えられないだろうか、というものでした。つまり、フェイスブックやオープンソーシャルのような状態を、日本のミクシィと取り結ぶことはできないだろうか、というテーマだったわけです。筆者は、この問いに対して、「SNSの『分散』は求められても、その『連携』は求められないだろう」と回答しました。

そのとき考察の対象として挙げたのは、当時登場してまもなかった日本発のオープンソースSNSエンジン「オープンピーネ」です。注目した点は二つありました。一つは、

「ミクシィとインターフェイスがそっくり」ということ。開発する側の説明によれば、これは単にミクシィを模倣しているということではなく（しかし、誰もがそう思うほど本当にそっくりだったのですが）、むしろミクシィのような使い慣れたユーザー・インターフェイスのままであることを人々が望んでいるからこそ、あえてそっくりにしているということでした。

ただし、この点はさして重要ではありません。より重要なのは――注目したもう一つの点とは――、ミクシィそっくりなのに、なぜオープンピーネは人々に必要とされたのかという点です。開発側は、それを次のように説明しています。

SNSは、web上にありながらも日常のリアルな人間関係を色濃く反映するサービスである、と言われています。つまり、現実の人間関係と同じものが、SNS上でも発生するということです。そうなると、一つのSNSでは個人の全ての側面（タテマエ）に対応することが出来なくなります。

例えば、一つのSNSで会社の同僚と趣味の友人とをフレンド登録している場合、同僚に見せている側面と友人に見せている側面、どちらを出せばいいのか迷うことがあると思います。あまり人に知られたくない嗜好や、不特定多数には話しづらい内容など、様々な人が登録している大きなSNSだから見せられない、そんな側面を抱えている人がたくさんいるのです。
オープンピーネは、そんなそれぞれの側面（タテマエ）を大事にしたい、という思いに答えたいと思います。

（「株式会社手嶋屋──社長blog」）

ごく凡庸な言い方をすれば、上の文章でいわれているのは、「人は現実社会において、さまざまな『顔』を使い分けて生きている」ということです。だから、ミクシィという一つのSNS上に、すべての人間関係を混在させてしまうことはするべきではないというわけです。

かつてオープンピーネの紹介ページでは、より具体的にその「哲学」が表現されていました。曰く、「ゴルフ・釣り好きvs家庭内（家族に休日のゴルフ予定がばれる）」「地元中学友達vs大学友達（大学デビューしてはじけちゃってる姿を地元の友だちには見せたくない）」「会社の同僚vsネット友達（会社で実はまじめなことを、知られたくない）」……云々。いずれもほほえましい例ですが、実に的確な説明ではないかと思います。ここでいわれているのは、要するに、第三章でも触れた「関係検知的知性」（山岸俊男）に従って、人々は個々の場面や組織にあわせて「キャラ」を使い分けているということです。

このように、オープンピーネは「ミクシィを複数の帰属集団に応じて使い分けたい」

という人々のニーズに応える形で登場した。いいかえるならば、オープンピーネというアーキテクチャの新規性は、その機能やインターフェイスといった点にではなく、それを複数に分散させることができるという点にこそ見出された、ということを意味しています。

だとするならば、せっかく複数に分散したミクシィを、一つのIDのもとに統合し、連携させるなどというのは、もってのほかでしょう。むしろ、複数のSNSに多重帰属する自分の存在は、単一のIDのもとで紐づけられることなく、むしろバラバラなまま〈連携不可能〉でなければならないからです。そこには「数多くのユーザーがそのSNSを利用すれば利用するほど価値が高まる」という「ネットワーク外部性」への志向性だけではなく、「場に応じてSNSを使い分け、それぞれを分断させておく」といった「アンリンカビリティ」への志向性が見られるのです。

いったんここまでの議論をまとめましょう。日本のウェブ・コミュニケーションをめぐる欲望は、複数サービス間の「オープンネス」や「連携」ではなく、むしろ「アンリンカビリティ」や「分断」を求めている。このように日本のSNSをめぐる状況をざっと振り返ってみるならば、「オープンソーシャル」の登場によって、複数のSNSを単一のIDによって貫通的に連携するような「グローバルSNS」的状況が到来するのは、望み薄だといえるのではないでしょうか。

日本社会論、再び
――ソーシャルウェアの「異文化間屈折」

当初ＳＮＳというツールは、もともと米国でブームが始まったとき、次のようなものとして紹介されていました。すなわち、さまざまなユーザーが自らの人間関係をウェブサイト上に転写することで、意外な人と人との繋がりを発見・発掘し、さまざまなコミュニティを見て回り、興味があったらそこでの議論やオフ会に参加して、自分の人間関係なり人脈なりを広げていくものである、と。

しかし、すでに見てきたように、ミクシィの利用形態はこれとは大きく異なっています。たとえばリアルの人間関係をミクシィ上に持ち込んでいるユーザーの利用動向には、

①使い始めたばかりはとにかくマイミクを登録して足あとを一日中チェックする「ミクシィ中毒」状態。
②あるとき、リアルの生活上のトラブル（たとえばカップルの離別など）をミクシィ上に持ち込むかどうかで気を揉んでしまい、「ミクシィ疲れ」に。あるいはそこでミクシィをいったん退会し、もう一度関係性を構築しなおす「ミクシィ・リセット」を決

行。

③ミクシィ上に多くの人間関係を混ぜるのは、トラブルの元になると学習した結果、なるべくミクシィ上では波風を立てないように配慮する「ミクシィ倦怠期」へ。

――といったパターンが見受けられます。ここで興味深いのは、もともとSNSは、多種多様な人間関係を、ネットワーク&データベース上で整理・管理するのに便利なツールとして生まれたにもかかわらず、その利用期間の長くなる後半になればなるほど、極力ミクシィ上で人間関係の複雑性を増大しないように努めるようになってしまう、ということです。

もちろん日本にも、ブログやSNS、そして第六章で触れる「ツイッター」といった複数のサービスを貫通的に利用し、ネットワーク上で活発に「個」としての活動を展開するユーザー群も、一定規模存在しています。しかし、彼/彼女らのような「イノベーター層」(革新的採用者層)のニーズに適う、「SNS間共通のウェブ・アプリケーション」が開発されたとしても、それがはたして普及学でいうところの「キャズム」を乗り越え、残る大部分のフォロワー層に到達するほどに(要するにミクシィに匹敵するほどに)普及することはありうるのでしょうか。

筆者の考えでは、これに対する答えも否です。本書でここまで見てきたように、日本のソーシャルウェアは、ブログにせよ、SNSにせよ、基本的にその外見のレベルでは、米国でも日本でも同じアーキテクチャが使われているのに、それを利用するユーザーの側の欲望やコミュニケーション作法が異なるために、異なるイノベーションの経路が開かれていきました。この一連の現象を、普及学者・宇野善康氏の言葉を借りて、ソーシャルウェアの「異文化屈折」と呼ぶことができるでしょう。

おそらくここに観察される「屈折」現象が、日本のネットワーク・コミュニケーションをめぐる状況を何度も反復している以上、おそらく日本のソーシャルグラフをめぐる状況は、少なくとも米国とはかなり異なる形態で発展することは間違いありません。少なくとも、「これでミクシィもオープン化されて米国の状況に近づいていく」などといった単純な展開は、期待できないとみたほうがよさそうです。

もちろん筆者は、「オープンソーシャル」のような共通規格が、日本でまったく無意味であると主張するつもりもありません。要するに、「オープンソーシャル」によって日本のSNSシーンに変化がもたらされるとすれば、前章でも触れたように、そのコミュニケーション文化に最適化されたアプリケーションの開発、すなわち「文化の翻訳」（アーキテクチャと文化のすり合わせ）が必要になる。これが筆者の考えです。

〔1〕北田暁大「ディスクルス（倫理）の構造転換」『ised@glocom』倫理研第三回、二〇〇五年、〈http://ised-glocom.g.hatena.ne.jp/ised/05030312〉。

〔2〕グーグルに検索されることが新たな「公共性」の範囲を確定し、そこから退却するアーキテクチャが必要されるという論点については、ised@glocom 第三回と第四回での以下の議論を参照のこと。『侵食される「私的領域」』『ised@glocom』倫理研第三回、〈http://ised-glocom.g.hatena.ne.jp/ised/05110312〉、および加野瀬未友「個人サイトを中心としたネットにおける情報流通モデル」『ised@glocom』倫理研第四回、二〇〇五年、〈http://ised-glocom.g.hatena.ne.jp/ised/07030514〉。

〔3〕「儀礼的無関心」論争については、発端となった以下の記事を参照のこと。松谷創一郎「ネットでの儀礼的無関心の可能性」『TRiCK FiSH blog』〈http://d.hatena.ne.jp/TRiCKFiSH/20031130〉。また、同論争については北田暁大氏が以下で論じています。「引用学――リファーする／されることの社会学」『〈意味〉への抗い』せりか書房、二〇〇四年、所収。

〔4〕ｔＤｉａｒｙとは、ただただし氏が二〇〇一年より開発している著名なウェブ日記ツールの名称。「ブログ」が日本のネットユーザーの間で知られる以前から、「ウェブ日記ツール」として利用されてきました。

〔5〕たとえば以下の文献を参照のこと。ハワード・ラインゴールド『スマートモブズ』ＮＴＴ出版、二〇〇三年。伊藤穰一「Emergent Democracy」（邦題「創発民主制」）『GLOCOM Review』国際大学グローバル・コミュニケーション・センター、二〇〇三年、〈http://www.glocom.ac.jp/publications/glocom_review_lib/75_02.pdf〉。ダン・ギルモア『ブログ――世界を変える個人メディア』朝日新聞社、二〇〇五年。

〔6〕ミクシィの外にまで波及して読まれるケースというのは、いわゆる「炎上」が起きたケースなどに限られます。また、しばしばミクシィ上にこっそり書いた内容が、その外部に転載（コピペ）され、思わぬ問題に繋がるケースも散見されます。
〔7〕「リンクドイン」（LinkedIn）とは、主にビジネス用途に特化した、米国の著名なＳＮＳの一つ。ユーザーはプロフィール欄に過去の仕事の経歴を入力することで、オンライン上の履歴書として用いることができます。米国では、特にシリコンバレー界隈を中心に、同サービス上で求職・転職・ヘッドハンティングなどの目的で利用されています。
〔8〕二〇〇八年八月、ミクシィは、外部サイトからもミクシィ内の機能やデータを参照できる仕組みとして、「ミクシィ・プラットフォーム」の公開を開始しました。その第一弾として公開されたのが「mixi OpenID」というもので、これはミクシィにログインしておけば、対応済の他サービスへのログインも可能になるだけではなく、「ブログへのコメントをマイミク（ミクシィ上の友人）だけに限定して許可」というように、ミクシィ内のソーシャルグラフやアクセス権を外部サイトでも利用することが可能になりました。
〔9〕「データポータビリティ」とは、ＳＮＳなどのサービス上に保存・蓄積されたユーザーの情報（たとえばプロフィール）を、他サービスからも自由に利用・参照可能にする技術を指したもの。二〇〇八年には、フェイスブックやグーグルなどが、こぞってこの技術への対応を始めています。
〔10〕「オープンＩＤ」（OpenID）とは、通常、サービスごとに別々に発行・管理されるユーザーアカウント（ＩＤとパスワード）を、複数のサービス間で共通で利用可能（分散で管理可能）にするための仕組みのこと。この仕組みが浸透すれば、現在、サービスごとに別々のアカウント

とパスワードが必要になるのが、一つのアカウントで利用可能になります。

〔11〕徳力基彦「OpenSocial は、ウェブサービスの真のオープン化のきっかけになるか。」『workstyle memo』二〇〇七年、〈http://www.ariel-networks.com/blogs/tokuriki/cat39/open_social.html〉。

第五章
ウェブの「外側」は
いかに設計されてきたか？

Winny

P2Pのアーキテクチャ進化史を追う

この章では、「P2P」について、特にそのなかでも「P2Pファイル共有ソフトウェア」と呼ばれるソーシャルウェアを中心に扱います。

さて、それは世間一般的には、「著作権法に反して、音楽・動画・商用ソフトウェアなどが不正にやり取りされている無法地帯」として認識されていることと思われますが、ここで筆者は、P2Pが社会に与える（悪）影響についてはいったんカッコに入れたうえで記述を進めます。本章の関心の中心は、P2Pファイル共有ソフトウェアというソーシャルウェアが、どのようにして「進化」していったのかにあります。そのため本章の記述は、ともすれば著作物の不正利用・不正流通という「脱法行為」の歴史を、あたかも称揚しているかのように受け止められる向きもあるかと思いますが、それはあくまで、「ソーシャルウェアの進化」という現象を観測するというスタンスに基づいています。ひとまず、その点を踏まえて以下の論考をお読み頂ければと思います。

ちなみに、これはよく知られていることですが、P2Pという通信アーキテクチャは、いわゆるウィニーのような、ファイル共有ソフトウェアにのみ採用されているわけではありません。たとえば現在よく知られているものに、音声通話ソフトウェアの「スカイプ」[1]があります（その開発者ニコラス・センストロムとヤヌス・フリスは、もともと「カザー」というP2Pファイル共有ソフトウェアを開発していた人物です）。ファイル共有ソフトウェアは、Ｐ２Ｐという通信技術（あるいは設計思想）に対する社会的イメージを著しく下げてしまったとして、しばしば問題視されてきました。ただし本章では、記述の簡便さをかんがみて、特に断りなく「Ｐ２Ｐ」と書くとき、それは「Ｐ２Ｐファイル共有ソフトウェア」を指すことにします。

ナップスターの衝撃
——ウェブとは異なる通信システムの登場

さて本題に入る前に、少し第二章の内容を振り返っておきましょう。第二章では、主にグーグルやブログといったウェブ上のソーシャルウェアを取り上げてきましたが、それらは基本的に「テキスト＝文字」を扱うものでした。これはいうまでもありませんが、ブロードバンド化の進んだ現在に比べて、ウェブが登場した当初は、ネットワークやコンピュータの性能はそれほど充実していなかったために、写真や動画といったコンテンツに比べて、データ容量が比較的小さいテキストが主にインターネット上でやり取りされていたためです。

こうした状況で、一九九九年、革命的なソフトウェアが登場します。それが「ナップスター」です。ナップスターは、そのソフトウェアをインストールしたコンピュータの間で、直接にファイルをやり取りすることができるというものでした。

まず人々が魅了されたのは、このソフトを通じて、当時普及し始めていた音声ファイル「mp3」を交換できる、という点でした。いまではmp3程度では「大容量ファイル」という感じはしませんが、テキストが中心だった当時は、数MB程度の容量でもかなりの「大容量」だったといっていいでしょう。まだアップル社の「iPod」も出ていない頃のことです。この魅力によって、ナップスターは、発表されてからわずか数カ月のうちに、数千万件に及ぶ数がダウンロードされ、世界中で大きな注目を集めました。そのユーザー数は、最盛期に約三〇〇〇万に達したともいわれています。

実はナップスターの登場以前も、WWWやFTPといったアプリケーションを通じて、mp3ファイルの交換が行なわれていた時代がありました（俗に「ワレズ」[2]などと呼ばれていました）。九〇年代後半まで、怪しげなアングラサイトのリンクを辿っていくと、そうしたmp3を公開していたサイトを見つけることができたのです。しかし、mp3ファイルを公開・交換する手法は、ナップスターが登場する頃には下火になっていました。

それはなぜでしょうか。その理由の一つに、ウェブが「サーバ・クライアントモデル」という通信方式（アーキテクチャ）を採用しているために、ファイルの「転送効率」が低かった、というものが挙げられます。「サーバ・クライアントモデル」というのは、ネットワークの「あちら側」（サーバ）に情報を集約しておき、それを「こちら側」（クライアント）が必要に応じてダウンロードする、という役割分担のことを指しています。ウェブを閲覧するというとき、それは、ネットワークの向こう側に置かれている「サーバ」から、HTMLファイルなどの情報を手元のコンピュータ（クライアント）に取り寄せる、という構図になっているわけです。

よって「サーバ・クライアントモデル」では、基本的に、ある一つのファイルはある一つのサーバからダウンロードされることになります。そのため、人気の高いファイルが置かれたサーバには、複数のクライアントからのダウンロード要求が集中してしまいます。しかし、そのサーバの処理能力や通信帯域にはどうしても限界がある。しばしばWWWでは、なんらかの要因から一時的にアクセスの集中したウェブサイトが表示できなくなることがありますが、これはこうした一極集中化の問題によるものです。とりわけ容量の大きいファイルをインターネット上でやり取りする場合には、この問題がクリティカルになってきます。

人気が高いコンテンツを用意し、しかもその集客効果によってなんらかの収益を得ることができるウェブサイトであれば――たとえばポータルサイトやニュースサイトなどがその典型ですが――、サーバの性能をあらかじめ高めておくことができます。しかし、P2Pでやり取りされるようなファイルは、えてして不正コピーされたものが多く、とてもそこから健全に収益を得られる見込みは立ちません。それでも、mp3のようなファイルをやり取りしたいというユーザーの欲望は根強く存在しています。こうした背景から、サーバ・クライアントモデルには拠らない、より効率性の高い通信の仕組みが求められることになりました。その答えの一つが、P2Pだったわけです。

P2Pは利用者同士で、直接ファイルをやり取りできる

もう一つの要因は、P2Pファイル共有がある種の犯罪性を持った行為であることから、ユーザーの側に「こっそりとダウンロードしたい」というニーズがあったことを挙げることができます。

ここでは、法律的な細かい話には立ち入ることなく、きわめて単純化したモデルで説明してみたいと思います。まず、これは当然のことですが、著作権者の許諾を得ることなく、ユーザー同士が勝手にmp3ファイルを交換することは、著作権法的に問題があります。だから、そうした行為はやめるべきだ、やめさせなければいけない、という認識が広まってきます。そこで著作権者の側は、mp3をダウンロードできるようにして

いるウェブサイトを見つけた場合、「そのサイトは著作権法的に問題だから、公開を停止せよ」と訴えかけることになります。通常、こうしたケースの場合、権利者の側はいきなり警察に相談するのではなく、そのウェブサイトを運営している管理者か、そのウェブサイトが公開されているウェブサーバの管理者（一般にはウェブサイトを公開するためのサービスを提供している事業者という意味で、「プロバイダー」と呼ばれます）に——いずれにせよ連絡を取ることができる相手に対して——、まずは「警告」を発するのが一般的です。

ここでポイントになるのが、ウェブというアーキテクチャは、原理上、その「訴えかけ」を行ないやすいということです。なぜなら、ウェブ上の情報コンテンツは、必ずウェブサーバという場所に乗っかっており、その場所には必ずその場所自体を管理運営している「主体」が存在しているため、この存在に対して、なんらかの「責任」を問うことが比較的容易だからです。つまり、ＷＷＷの場合には、「ｍｐ３の公開をやめろ」という訴えをぶつける相手が存在している、ということを意味しています。仮に、ｍｐ３を公開したウェブサイトを作成したユーザーに警告が伝わらなかったとしても、今度はそのウェブサイトが公開されているウェブサーバの管理者（あるいはブログであればそのサービスの運営者）に警告を出せばいいわけです。

しかし、ナップスターをはじめとするＰ２Ｐは、サーバ・クライアントモデルを採用したWWWとはまったく別のアーキテクチャです。先ほど筆者は、「ソフトウェアをインストールしたコンピュータの間で、直接にファイルをやり取りすることができる」と説明しましたが、そこには、情報を集約管理する役割を担った、「サーバ」に相当する存在は介在しません。利用者同士は、ウェブサーバやFTPサーバを仲介することなく、互いに直接ファイルをやり取りすることができるわけです。

しかし、実際のところ、ナップスターは純粋に「P2P」で構築されていたわけではありませんでした。というのも、ファイルをやり取りする「通信」の部分はP2Pの仕組みだったのですが、そもそも数千万人という膨大で不特定多数のユーザー同士でファイルをやり取りするためには、実際にそのファイルを交換する前段階で、「誰がどのようなファイルを持っているのか」に関する情報を「検索」する仕組みが必要になります。ナップスターでは、この「検索」にあたる仕組みを、ウェブと同様のサーバ・クライアントモデルで実現していました。具体的にはナップスターの提供会社が、検索用の中央サーバを運営していたのです。またこうしたナップスターの方式は、P2P方式とサーバ・クライアントモデルをあわせて用いているという意味で、「ハイブリッドP2P」と呼ばれていました。

「サーバ」を提供するということは、先ほども述べたとおり、責任を問われやすいということを意味しています。逆にいえば、この特性こそが、後の「ユーチューブ」や「ニコニコ動画」が、「権利者からの削除要求にきちんと応答する」ことによって、ナップスターのようには極端に敵視されずに生き残っていくことを可能にしたともいえます。もちろん、実際にはそこまで単純な話ではないのですが、このようなアーキテクチャ上の特性から、ナップスター社は著作権者の団体から提訴され、社会的に排斥されることになりました（現在は別の会社がナップスター社の資産とブランド名を引き継いでいます）。

P2Pをめぐる日本特有の事情
——「コモンズの悲劇」問題

さて、ナップスター以降、Ｐ２Ｐ開発者にとっての技術的な課題は、それが抱えていた「純粋なＰ２Ｐではない＝ハイブリッドＰ２Ｐ」という問題を、純粋にＰ２Ｐだけで、つまり「ピュアＰ２Ｐ」の方式によっていかに解決していくかに設定されることになりました。たとえば英語圏では「グヌーテラ」[3]「フリーネット」[4]「ビットトレント」[5]、日本では「ウィニー」や「シェアー」[6]などが、いわゆる「ピュアＰ２Ｐ」型の方式を採用しています。

以下本章では、そのなかでも特に「ウィニー」に着目することにしたいと思います。

ここでは、ご存じの方も多いでしょうから、ウィニー自体の説明はごく簡単なものに留めましょう。ウィニーは二〇〇二年に公開されて以来、その利用者は数十万から百数十万規模ともいわれ、二〇〇八年に至る現在でも、恒常的に違法コンテンツが流通しているといわれています。二〇〇四年には、開発者の金子勇氏が著作権法違反幇助の罪で逮捕されたこと（二〇〇六年には一審で有罪判決が下ったが、二〇一一年に無罪確定、二〇一三年七月金子氏死去）、そして二〇〇六年春には、企業や公的機関の所有する機密情報の流出が相次いで発覚したことなどから、大きな社会的注目を集めました。おそらく、約十年にわたる日本のインターネット史のなかでも、とりわけ重大なインパクトをもたらしたのが、このウィニーをめぐる一連の出来事だったといっても過言ではないでしょう。

ただし、ここで筆者がウィニーを記述対象として選ぶ理由は、それが日本で最もよく知られたP2Pファイル共有ソフトウェアだから、というだけではありません。これは後ほど詳述しますが、「ピュアP2P」と呼ばれるソフトウェアのなかでも、「ウィニー」は他の英語圏のソフトウェアとは異なる特徴を持っており、その点がとりわけソーシャルウェアの進化史という観点から見て注目に値するからです。

それでは、なぜ日本において「ウィニー」という独自規格のP2Pが生み出されたのでしょうか。その考察を始める前に、そもそもP2Pファイル共有ソフトウェアが、数十万数百万というような「社会的」と呼べるまでに大規模に普及するという事態は、少なくともこの日本において、それほど簡単なことでもなければ当たり前のことではなかった、ということを抑えておく必要があります。

これは若干奇妙な物言いに聞こえるかもしれません。たったいま、前節で筆者は、ナップスターは瞬く間に世界中に普及したと紹介しました。たしかにナップスターは衝撃を与えた。多くの人々にとって魅力的に見えた。といっても、それは誰もが知るとおり「犯罪」です。それでも魅力的に見えたのはなぜでしょうか。愚直に考えれば、それはP2Pで不正コピーされたコンテンツをダウンロードするという行為が――誤解を恐れずにいえば――コンビニで万引きをするよりも、ずっと罪悪感が小さくてすむからです。インターネットを利用しているとき（パソコンの前に座っているとき）、その行動を誰かから「見られている」という感触は薄い。ですから、そこに「コンテンツを無料で取得できる」という至極明快な魅力を持ったソフトウェアが登場すれば、よこしまな動機を持った人々がそこに大量に集まるのは至極当然のことのように思われるわけです。しかも、P2Pでやり取りされるファイルは、実際の物理空間上の「交換」とは異なり、どれだけコピーしても元のファイルが「失われる」わけではない。つまり、「窃盗」をしているという感覚はさらに薄くなる。ざっとこのような心理的背景から、P2Pファイル共有ソフトウェアは多くの人々を魅了しました。

しかし、ここに若干の留保を挟んでおく必要があります。というのも、日本の著作権法では、そもそもP2Pの登場する以前の一九九七年に、著作権者に断りなく著作物をネットワーク上でダウンロードできる状態にする行為が、刑事上の犯罪（「公衆送信可能化権」の侵害）として定められたという経緯があるからです。これは世界的に見てもきわめて「強い」著作権法のあり方のようですが、この法的条件が、日本のP2Pユーザーにとってはきわめて重要な意味を持つことになりました[7]。

それはどういうことでしょうか。「公衆送信可能化権」の存在は、P2Pファイル共有ソフトウェアを「意識的」に用いているユーザーには広く知られていたのですが、それを知るユーザーに、次のような意識を植えつけることになります。「とにかく逮捕されたくなければ、送信（アップロード）はしないで、受信（ダウンロード）だけに徹するしかない」と。いいかえれば、「フリーライダー」の立場――ネットユーザーの隠語では「くれくれ厨」（ファイルを一方的に「くれ」としかいわないユーザーのこと）や「DOM」（Download Only Member の略）などと呼ばれますが――を選択することが、日本のP2Pユーザーにとって「合理的」になったのです。

またダウンロードに徹するという立場は、当時の通信環境から見ても「自然」なものでした。P2Pが登場した二〇〇〇年前後は、まだ現在のようにブロードバンド環境もそれほど普及しておらず、二〇〇一年に登場し、その低価格で人々を魅了した「ヤフー

BB」をはじめとするADSL回線も、ダウンロードに比べてアップロードのほうが通信速度が遅い（帯域が狭い）という特性を持っていました。それゆえ、P2Pを利用するほとんどのユーザーは、通信環境上の必然から、誰もが「ダウンロード重視」の立場に立たざるをえなかったという側面があったのです。

しかし、もちろん、誰もがこのフリーライダー的立場を選択してしまえば、ファイルのやり取りは一切生じることはなくなってしまいます。あらためて確認しておけば、P2Pというアーキテクチャは、中央にサーバを設置するものではないため、とりあえずどこかにファイルをアップロードしておき、関心を持ったユーザーがそれをダウンロードする、という仕組みを採用することはできません。そのためP2P上でファイルをやり取りするためには、必ず誰かがファイルをアップロードし、誰かがそれをダウンロードするという、一つの関係性《ネットワーク》で結ばれる必要がある。ただし、日本の法制度は、圧倒的に「ダウンロード有利」になるように働いてしまっている。これが日本のP2Pをめぐる基本条件だったのです。

この事態を、生物学者ギャレット・ハーディンの用いた「共有地《コモンズ》の悲劇」という術語で呼んでみてもいいでしょう。たとえば、ある海岸沿いの漁村があり、その海岸を村人皆が漁場としていたとしましょう（ちなみにハーディンが使っていたのは「牧草地」の例でした）。魚や貝の取れる海岸一帯は、その村にとっての「共有地《コモンズ》」といえます。そして漁師たちの間では、あまり一気に魚介類を取りすぎると、次の年の収穫に影響が出るので、あまり多くの量を取りすぎないように自主的なルールを設定していたとします。しかし、その村のなかから、「抜け駆け」をするような漁師が出てきて、我先に魚や貝を乱獲してしまうと、その一帯の生態系は著しく破壊されてしまい、結果的に村全体にとっての共有地が破壊されてしまう。このように、ある社会集団のなかに、フリーライダー的なプレイヤーが出現することで、結果的に共有資源が枯渇してしまう問題のことを、「コモンズの悲劇」といいます。

これと同じことが、上に見た日本のP2Pユーザーの間にも起きていたといえます。P2Pユーザーの本音は、誰もが「捕まりたくはない」というものでしょう。だからといって、誰もが利己的に、「くれくれ厨」（フリーライダー）になりたいと主張していても、実際にはなんらファイルは交換されず、P2P上のファイル交換はワークしません。もちろん、これは厳密には「コモンズの悲劇」とは異なります。牧草地にせよ、漁場にせよ、それは物理的な空間であって、実際にモノが失われてしまいますが、P2Pは何かモノが失われてしまうわけではありません。むしろ、本来であれば自由に情報をコピーできるはずなのに、情報の「コモンズ」自体が成立しにくいという悲劇です。そのため、「コモンズの悲劇」の派生バージョン（あるいは「アンチコモンズの悲劇」）として捉えたほうがよいでしょう。

ともあれ、P2Pはその登場当初、ネットワーク上の人々のハードディスクを共有できるという無限の「コモンズ」を生み出すものとして歓迎されたかに見えました。だからこそ、一瞬にしてナップスターは世界を席巻した。おそらくその普及速度は、有史以来、石器から文書に至るまでを見渡しても、稀に見るスピードと規模で普及したのではないかと思われます。しかし日本では、「アップロードは罪になる」という法的リスクが存在していたために、ある種の「コモンズの悲劇」にも似た問題が生じてしまったのです。

ファイル交換型（WinMX）の解決法とは？
——規範

それでは、こうした「コモンズの悲劇」問題はどのように解決されていたのでしょうか。

ウィニーの技術において、もっとも独創的だったのは、この日本のP2Pに特有の「コモンズの悲劇」問題を、「キャッシュ」と呼ばれる仕組みで解決した点にあります。そしてこのキャッシュという仕組みは、単なる技術的イノベーションにとどまらず、これまでのファイル共有ソフトウェアの文化を大きく変えるものでした。日本では、ウィニー以前は「ファイル交換型」、ウィニー以後は「ファイル共有型」と区別して呼ばれています。本節では、まず前者のウィニー登場以前の時代について見ていきましょう。

ウィニーの出現以前、日本でよく知られていたP2Pファイル共有ソフトウェアに、「WinMX」というものがありました。これは仕組み的には、ナップスターとほぼ同様の「ハイブリッド型」を採用しており、その利用方法はおよそ次のようなものでした。

まず、ユーザー同士がファイルをやり取りする際には、ユーザーが求めているファイル名を検索します。求めていたファイルが見つかったら、次に、そのファイルを持っている相手に、IM（インスタント・メッセンジャー）で「このファイルをください」と申し出ます。するとそのIMを受けたファイルの所有者側は、交渉を持ちかけてきた側のファイルリストを見たうえで、「じゃあこのファイルと交換しましょう」という返事をします。これで交渉成立、両者間でいざファイルの交換を開始するという順序を踏むわけです。

この仕組みのポイントは、「わらしべ長者」のようにファイルを落としていかないと、首尾よくファイルを集めていくことはできないという点です。WinMXで、なんらかのファイルを得るためには、こちらからもファイルを提供しなければならない。だからファイルをどんどん落とすためには、いろいろなユーザーとコミュニケーションを交わし、どんどん「交渉力のある」強いカードを集めて、相手にとって魅力的であろうファイルのリストを用意する必要がありました。カードゲームの比喩を使えば、「デッキを組む」必要があったわけです。そしてファイルを交換する前に、必ずそのデッキをお互いに見せ合って、どれを交換するかをIMで相談していました。

しかし、先述したとおり、この交渉の場において、誰もがフリーライダー的な、つまりダウンロードだけに徹する態度を取ってしまうようでは、ファイル交換のやり取り自体が成立しません。P2P上に「コモンズ」を成立させるためには、人々がフリーライダー的立場を選択することを、なんらかの方法を通じてやめさせる必要がある。

そこでWinMXの時代に取られた解決策は、（第一章で紹介したレッシグの四分類に従えば）「規範」によるものでした。ポイントは、日本のP2Pユーザーであれば誰もが抱く、「捕まりたくはない＝ダウンロードに徹したい＝フリーライダーでいたい」という合理的なモチベーション（動機づけ）を、いかにして崩すか（揺るがせるか）にあります。そこで日本のP2Pユーザーコミュニティで編み出された解決策というのは、フリーライダー的態度を取る者を、先ほども紹介した「DOM」ないしは「くれくれ厨」と名づけ、これを軽蔑し、交換相手としては忌避する、という慣習でした。そして同時に、フリーライダーとは対称的に、ファイルを大量に所有し、かつ気前よくダウンロードさせてくれる「法的リスクを負った」ユーザーを、「神」と尊称する慣習も同時に育まれていったのです。

その一例を紹介しましょう。当時、P2Pユーザーの間で知られていた笑い話に、次のようなものがあります。WinMXが利用されていた当時、もっとも忌み嫌われていたのは、「相手のほうが先にファイルのダウンロードが完了してしまい、こちらがまだダウンロード途中にもかかわらず、相手がアップロードの接続を切ってしまう」という行為でした。これはつまり、自分だけちゃっかりダウンロードをしてしまう抜け駆け行為にあたります。これをやられてしまった側は、思わずIMを通じて「この泥棒！」と罵倒することもあったといいます。「しかし、ちょっと待て。そもそもP2Pを使っている時点で、みんな泥棒じゃないかよ（笑）」というジョークになっているわけです。

ここに現われている「この泥棒！」という罵倒は、まさにWinMXユーザーの規範意識を如実に表わしているといえます。要するに、「ダウンロードだけに徹する奴はとんでもない悪人である」という規範意識（道徳心）をユーザーに植えつけることで――といっても、誰かが命令してそのような価値観が植えつけられたわけではなく、いわば自然発生的に生じたわけですが――、フリーライダー的行動を人々が選択することがないよう、ユーザー同士が「自主規制」をかけていた、とみることができるわけです。

また、IT・音楽ジャーナリストの津田大介氏の『だからWinMXはやめられない』（二〇〇三年）という本のなかでは、ある初心者WinMXユーザーが、最終的には「神」と呼ばれて尊敬されるようになるまでの成長物語《ビルデゥンクスロマン》が描かれています。最初はまさに「わらしべ長者」の要領で他のユーザーと徐々にファイルを交換しているうちに、しまいには動画のエンコード職人に弟子入りし、誰もが驚くような美麗な動画ファイルを作成する「匠の技術」を会得することで、ついには「神」と呼ばれるグループに仲間入りをはたすのです。もちろん、すべてのＷｉｎＭＸユーザーが「神」のポジションを目指していくわけではありませんが、ここからも、「神」と「くれくれ厨」という階層意識が明確に存在していたことが見受けられるでしょう。そしてＷｉｎＭＸの世界においては、「神になりたい」という上昇物語にコミットし、「神」と呼ばれるような貢献をはたせばはたすほど、周囲のユーザーは自分を崇め承認してくれるようになるわけです。

以上の考察をまとめるならば、次のようになるでしょう。ウィニー以前のＰ２Ｐネットワーク上では、その参加者たちは〈軽蔑／尊敬〉という文化的コードに基づいて分化されていた。まず、「コモンズの悲劇」を招いてしまう要因となるフリーライダー的存在は、〈軽蔑〉の対象になることで交渉の場から排除された。そして、コモンズに貢献する「アップローダー」たちは、「神」と〈尊敬〉されることで、〈逮捕されるかもしれない〉リスクテイキングに向けて動機づけられていた。――こうした規範による「インセンティブ」の重みづけが行なわれることで、ＷｉｎＭＸにおける「コモンズの悲劇」問題は回避されていたわけです。これはまさに、人々に価値観の「内面化」を迫るという意味で――そして「法」や「市場」といった社会制度は特に経由していないという意味で――、レッシグのいう「規範」による秩序管理の一例ということができるでしょう。
しかし、こうしたＷｉｎＭＸ時代の「規範」に基づく解決方法には、ある明白な欠点が存在していました。それは、新規ユーザーの参入を妨げてしまうというものです。ＷｉｎＭＸを利用したばかりの新参ユーザーというのは、基本的に、最初はほとんど自らのコンピュータ内にファイルを保有していません。だから新規ユーザーは、初めはどうしても「くれくれ厨」ないしは「ＤＯＭ」の立場からファイル交換に乗り出すしかない。しかし、彼らは先行ユーザーたちから見れば、軽蔑すべき存在として排斥されてしまうことになります。よってファイル交換型のＰ２Ｐファイル共有ソフトウェアにおいては、こうしてネットワーク上の「持つ者」と「持たざる者」の階層構造が固定化したため、ある一定の規模を超えた普及に至ることはなかったのです。

ファイル共有型（ウィニー）の解決法とは？
――アーキテクチャ

以上を踏まえたうえで、日本で開発されたＰ２Ｐファイル共有ソフトウェアの「ウィニー」について見ていきましょう。これはよく知られていることですが、Ｗｉｎ〝ｎｙ〟というソフトウェアの名称は、ＷｉｎＭＸの〝ＭＸ〟を一文字ずつ後ろにずらすことでつけられており、「ポストＷｉｎＭＸ」という位置づけで開発・公開されていました。つまり、前節に見てきたようなＷｉｎＭＸの問題点を乗り越えるという開発意図があったのです。

それはどういうものか。結論を先取りすれば、ウィニーが画期的だったのは、前節で見てきたような「規範」に基づく「コモンズの悲劇」問題の解決を不要のものとし、Ｐ２Ｐファイル共有ソフトウェアの敷居をさらに引き下げたという点にあります。そしてその特徴は、筆者の考えでは、本書がテーマとしているアーキテクチャ＝環境管理型権力の特徴をものの見事に体現しているのです。

それではまず、ウィニーの利用形態について簡単に確認しておきましょう。ウィニーの顕著な特徴は、それ以前に主流だったナップスターやＷｉｎＭＸといった「ファイル交換型」と異なり、わざわざユーザー同士が一対一で向き合って「交渉」を行なう必要がない、という点にあります。その仕組みはこうです。まずユーザーは欲しいファイル名を検索します。そしてお目当てのファイルが見つかったら、あとはそれをクリックして待つだけです。ウィニーを立ち上げたまま、一晩寝ていれば、いつのまにかファイルが手元にダウンロードされる。ＷｉｎＭＸのときのように、そのファイルを持っているユーザーに、「これと交換でいいですか？」などと尋ねる必要もなければ、「ふざけんな泥棒！」といって罵倒してくる隣人もいない。誰もが「くれくれ厨」の気分で、気楽に利用することができるわけです。実は、ウィニー登場以前にも、「交渉作業」を自動化するような支援ツールも存在しており（ＷｉｎＭＸには本来備わっていない機能を勝手に補うツールのこと）、ウィニーはその「交渉の不要化」という機能を実現したということができます。

しかし、なぜこのような仕組みが可能になったのでしょうか。それはウィニーが「キャッシュ」と呼ばれる仕組みを採用しているからです。以下、開発者の金子勇氏が著した『Winnyの技術』（二〇〇五年）をもとに、簡単にそのメカニズムを紹介します。

まず、あるウィニーユーザーが、なんらかのファイルをダウンロードしたとしましょう。そのファイルは、ウィニーネットワーク上における「キャッシュ」として公開されます。同じファイルを検索している他のクライアントは、ネットワーク上からこの「キャッシュ」を保有しているクライアントを自動的に探し出し、発見次第、ダウンロードを開始します。この一連のプロセスは、ウィニーというプログラムが自動的に行なうため、ユーザーの側は特に何かを意識したり操作したりする必要はありません。

ウィニーでは、こうしてファイルが流通すればするほど、ほうぼうのウィニーユーザーのハードディスクにそのファイルが蓄積されていきます。人気の高い（よくダウンロードされている）ファイルであればあるほど、ウィニーネットワーク上のあちこちにキャッシュされていくことになるわけです。しかもウィニーは、ほとんど「無差別」に、そのキャッシュを拡散させる仕組みを備えていました[8]。決してそのユーザーがそのファイルを検索・ダウンロードしたわけではなくとも、人気の高いファイルは、自動的にウィニーユーザーのコンピュータ上にキャッシュされるという仕組みになっていたのです。このメカニズムによって、ますますファイルのダウンロード先は発見しやすくなり、ファイル転送の効率性が高まります。

繰り返し強調すれば、このプロセスはすべて自動的に行なわれます。つまり、ウィニーを利用するということは、他のウィニーユーザーとの間で、ファイルの分散共有ストレージ（記録装置）を構築するということに等しい。こうしたメカニズムによって、ウィニーは「コモンズの悲劇」を解決し、自動的に「コモンズ」を形成している。この特徴をもってして、ウィニーはそれ以前の「ファイル交換型」ではなく、「ファイル共有型」と呼ばれるようになりました。

こうしたウィニーの「キャッシュ」という仕組みは、本書の冒頭で示した、「被規制者にとって意識されることはない」というアーキテクチャの特徴を見事に示しているといえます。ウィニーのユーザーは、もはやユーザー間の「規範」に気を揉むことなく、意識の上では、ひたすらダウンロードに徹する「くれくれ厨」の気分でファイルを得ることができます。その一方でウィニーは、ユーザーに特に貢献意識を求めることなく、

「キャッシュ」という分散ストレージを構築し、無意識のうちに利用者同士を協調させるよう仕向けているのです。

さらに開発者の金子氏は、ウィニーの特徴は、こうしたファイル転送の効率性と匿名性を両立する点にあったといいます（前掲書）。というのも、あちこちにファイルが「キャッシュ」という形で散らばることで、転送効率が高まるだけではなく、転送経路が複数かつ多段的に拡散されることで、「そのファイルがどこからやってきたのか」という過去の来歴を辿ることは、事実上不可能になるからです。ちなみに、こうした「キャッシュによる効率性と匿名性の両立」という着想を、金子氏は「プロクシーサーバ[9]」から得たと『Winny の技術』のなかで述べています。

また、こうした「キャッシュ」の仕組みは、二〇〇一年に米国で開発され、いまでは著名なP2P技術の一つとして知られている「ビットトレント」と、「効率性」を高めるという点において共通しています。[10] ビットトレントもまた、多くのユーザーがダウンロードしているファイルほど、ほうぼうのノードに散らばったファイルの断片をかき集めることで、ダウンロード速度が効率化するというメカニズムを備えています。その仕組みについて、第二章で触れたティム・オライリーは、これを「協力の倫理が織り込まれている」と形容していますが、この言葉はそのままウィニーにも当てはまるものです。あえて言葉を補うならば、その協力の倫理は、私たちがこれまで追いかけてきた「アーキテクチャ」のなかに織り込まれているわけです。

ウィニーへの批判
——「コミットメント」を求めないシステム

以上が、ウィニーのアーキテクチャについてのおおまかな説明になります。本章の冒頭でも示したとおり、筆者はここまで、そのアーキテクチャの社会的な評価については据え置いた考察を行なってきました。ここから先は、ウィニーの実現した「無意識のうちに協調させる」というアーキテクチャをどのように捉えていくべきかについて、議論を展開したいと思います。

上に見たようなウィニーのアーキテクチャについて、誰よりも痛烈かつ的確な批判を加えているのが、工学者の高木浩光氏です[11]。高木氏は、ウィニーの「キャッシュ」という仕組みを、「良心に蓋をさせ、邪な心を解き放つ」ものと断罪しています。それはどういうことでしょうか。

ウィニーというのは、ただ利用しているだけであれば、上のようなキャッシュという仕組みに気づくことはありません。ただファイル名を入れて検索し、ダウンロードをしているだけだと思うわけです。しかし実際には、キャッシュという仕組みを媒介して、第三者へのアップロードを行なっています。つまり「送信可能化権」の侵害という違法行為に加担しているのです。ウィニーはユーザーに罪を犯していると意識させずに、潜在的・無意識のうちに犯罪行為に加担させてしまっている。高木氏の言葉を使えば、悪いことに手は染めたくないという「良心に蓋」をし、こっそり自分だけダウンロードだけしたいという「邪な心を解き放」っているわけです。

そして高木氏は、ウィニーはまさにこの点において、2ちゃんねるの文化を継承しているといいます（開発者の金子氏は、その開発の経緯報告の場として、2ちゃんねるを用いていました）。ウィニーというのは、先ほどまでの言葉を使えば、「くれくれ厨」や「DOM」と呼ばれるような、フリーライダー的存在が許容される（かのように見える）空間です。ウィニーが大量のユーザーを集めたのは、実際にはキャッシュ機構によって送信可能化権侵害という違法行為を犯しているにもかかわらず、その反社会的行為をユーザーに自覚させない点にある。高木氏は、これを「自分は侵害行為に加担したくないという倫理観（あるいは安全意識）を持ちながら、自身の欲望は達成しておきたいという考え方」と表現します。そしてこの精神こそ、ほとんどが「ROM」（Read Only Member）で匿名的存在であり、匿名という隠れ蓑をかぶりながら、敵性対象をこき下ろし、嘲笑うという、「2ちゃんねる的精神」をみごとに反映しているというわけです。

さらに高木氏は、「ユーザーを無意識のうちに犯罪行為に加担させる」という点において、ウィニーの開発者は非倫理的であるといいます。とりわけウィニーは、自分がダウンロードしたいと意図したわけではないファイルであっても、ソフトウェアを起動しているだけで、自動的＝強制的にキャッシュを蓄積・開放するという挙動を見せます。もし、あるユーザーが、ウィニーを使って著作権的に見て問題のないファイルだけを落としていたつもりであっても、そのユーザーが気づかぬうちに、周囲で人気を集めているファイルをキャッシュとして蓄積し、他のユーザーへの転送に加担してしまう可能性が高いわけです。

かように高木氏の主張の中心は、ウィニー（の開発者）が非倫理的なのは、その利用者に「自覚的な選択」をさせないという点にあるというものです。いいかえれば、ユーザーは責任を持った主体として、自覚的にソフトウェアを利用すべきというわけです。こうした高木氏の立場を、さしあたり、ユーザーの側に「コミットメント」（責任・加担）を求めるものと表現することができるでしょう。

一般的に、そのコミットメントは、インストール時の利用許諾書への同意という契約行為によって、（ほとんどの場合、その契約は自覚的になされているとはいえませんが）さしあたりは担保されています。ユーザーであるあなたは、以下の規約に同意したうえで、自己責任のもとで利用している。こうした契約があってはじめて、ソフトウェアやウェブサービスの利用が行なわれることは、ごく一般的に見られる光景です。その意味で、こうした高木氏の主張は、きわめて正当で、常識的かつ説得的なものといえます。

ウィニーというアーキテクチャの周到さ

高木氏はこのように、ウィニーを「コミットメントをさせない」という点において批判しました。これは裏を返せば、ウィニーが優秀だったのは、アーキテクチャの特性を活かしたうえで、ユーザーを「コミットメントなき貢献」へと誘導する点にあるということです。先ほども説明したとおり、ウィニーが巨大なP2Pネットワークとして成長しえたのは（＝日本社会に特有な「コモンズの悲劇」を解決しえたのは）、そのアーキテクチャに、ユーザーたちをフリーライダー的な立場にいるものと錯覚させつつ、「キャッシュ」というメカニズムによって、いつのまにか互いに貢献しあう仕組みが埋め込まれていたからです。繰り返せば、こうしたウィニーの仕組みは、「利用者に気づかれぬうちに、いつのまにか作用する規制」という意味において、レッシグのいう「アーキテクチャ」の特徴を見事に体現しているということができます。

また、キャッシュの存在は意識されないと高木氏は指摘しましたが、実はある程度ウィニーの利用に明るいユーザーであれば――たとえば、ウィニーに関するウェブ上の解説ページや雑誌記事などを読んでいれば――、その存在と機能を知ることは簡単でした。

またウィニーの場合、たとえば「キャッシュ」を公開したくないと考えるユーザーのために、キャッシュを消去するための周辺ツールや（一度ダウンロードしたファイルの「キャッシュ」は自分にとっては不要ですから、単にハードディスクを「無駄」にしているだけと感じるユーザーも多かったのです）、さらにはウィニーを通じたアップロード通信を遮断する（つまりダウンロードだけを行なうようにする）改造ツールなどが、有志ユーザーの手によって開発されていました。

これらのツールは、ウィニー本来の設計思想から見れば「ルール違反」（フリーライド）にあたります。ウィニーのネットワークが、安定かつ豊穣な「コモンズ」として存立していくためには、「キャッシュ」というメカニズムに参加してもらう必要があるからです。誰もがウィニーというネットワークからダウンロードだけを行なう態度を取るようになると、つまりフリーライダー的立場を取るユーザーばかりになってしまうと、「コモンズの悲劇」問題がまたしても再来することになります。

この問題に対して、ウィニーには、キャッシュする量が多ければ多いほど、どんどんファイルが落ちやすくなるというポジティブ・フィードバック的な仕組みが実装されていました。その仕組みの存在を知ったウィニーユーザーは、「抜け駆け」をしようとするのではなく、むしろより多くのキャッシュを保持しようとするインセンティブを得ることになります。開発者の金子氏が周到なのは、アーキテクチャの仕組みを調べたうえで、フリーライダーの立場を採用しようとするフリーライダーに対し、アーキテクチャによる「説得法」を用意していたという点にあったのです。

ここで、WinMX＝ファイル交換型の説明を思い出してください。WinMXにおいては、フリーライダー的振る舞いを抑止する方法は、まさにそのフリーライダー的存在を「くれくれ厨」や「泥棒」などと呼んで差別し、むしろ気前よくダウンロードさせてくれる存在を「神」として崇め奉ることで、人々をフリーライダー的行動へと動機づけないようにする、というものでした。これを筆者は「規範」による規制方法と呼びました。

しかし、ウィニーにおいては、もはやユーザー同士がなんらかの規範意識を共有する必要はありません。そこには、「神」と「くれくれ厨」のカーストは存在しない。それどころかウィニーは、「ただ検索して待っているだけ」という怠惰な態度のまま、ファイルをダウンロードすることができるというメリットをユーザーに提供する。そのメリットを提供することとひきかえに、ウィニーは「キャッシュ」という名の協調関係の下に、ユーザーたちを無自覚のまま組み込みます。さらに、その協調関係から逃れて、ウィニーへのフリーライドを目論むユーザーに対しては、「『キャッシュ』を保持すればもっとファイルが落ちやすくなるよ」とでもいわんばかりに、さりげない説得工作が仕込んである――こうした用意周到なウィニーの仕組みを、筆者は「アーキテクチャ」による社会秩序を実現した重要なケースとして、評価したいと考えているのです。

〔1〕「スカイプ」（skype）とは、二〇〇四年から提供が開始された、P2Pインターネット電話サービスのこと。同ソフトをインストールしている相手であれば、インターネットを介して、電話に遜色のない高音質と安定した音声通話を行なうことが可能。P2P技術を応用しているため、電話よりも圧倒的に管理・運営コストが低くなっており、ユーザー側も無料で利用することができるため、世界中で多くのユーザーを獲得。
〔2〕「ワレズ」（Warez）とは、インターネットなどを通じて、非合法に配布される商用ソフトウェアのこと。または、それらを交換・共有する行為の総称。
〔3〕「グヌーテラ」（Gnutella）は、二〇〇〇年に開発が開始された、ピュアP2Pのファイル共有ソフトウェアの代表例の一つです。
〔4〕「フリーネット」（Freenet）は、開発者のイアン・クラークが一九九九年に同方式を論文で発表したP2P通信技術で、通信の匿名性を強化するために、ファイルの暗号化・断片化を行なっている点が特徴です。ウィニー開発者の金子氏は、このフリーネットが、ファイルの断片化によって匿名性を高める代わりに、ファイルの転送効率を犠牲にしていた点に着目し、匿名性と効率性の両立を目指したと述べています（金子勇「『Winnyの技術』をもとに当時の到達点を明らかにする」『智場』一〇六号、国際大学グローバル・コミュニケーション・センター、二〇〇六年、〈http://www.glocom.ac.jp/j/chijo/text/2006/06/winny_glocom.html〉）。
〔5〕「ビットトレント」（BitTorrent）とは、オープンソースで開発されたP2Pファイル配信技術で、不正にファイルを「共有」するというよりも、大容量のファイルを効率的に「配信」す

るための技術として開発されています。このソフトウェアでは、同じファイルをダウンロードした人（ノード）が多ければ多いほど、複数のノードからの分散して転送が行なわれるため、転送効率が向上するシステムが実現されています。ソフトウェア本体はオープンソースで開発・提供されているため、開発者のブラム・コーエンは摘発・告訴の対象にはなっておらず（開発者だけを逮捕しても、ビットトレントのコミュニティはなくならないため意味がない）、むしろ近年では、映画コンテンツなどを合法的にファイルを配信するための技術として受け入れられており、P2Pの社会的イメージが変わりつつある代表例としても知られています。

〔6〕「シェアー」（Share）とは、日本で二〇〇三年頃から開発・頒布が開発された、ウィニーの後継ともいわれるP2Pファイル共有ソフトウェアのこと。

〔7〕なお米国でも、二〇〇五年に、「Family Entertainment and Copyright Act」と呼ばれる法律が可決されています。この法律では、著作物が一般に発売・公開されていないことを知りながら、そのファイルを共有可能なフォルダに置くことを、（ダウンロードの有無を問わず）刑事罰として定めています。

〔8〕ウィニーのファイルを転送する仕組みは、次のようなものです。ウィニーでは、ファイルの「所在情報」（誰がどのファイルを持っているのかに関するメタデータ）は、一定のアルゴリズムでランダムに書き換わるように設計されているといいます。この仕組みは、筆者なりにいえば、手紙の差出人をランダムに書き換え、あえて「誤配」を起こすよう設計されているということです。しばしばウィニーでは、実際にはファイル本体を持っていないノードも、ボディの所有者として指定してしまいます。これは一見すると、誤配＝転送ミスに繋がるように見えますが、この誤配の生じる確率は、よく検索されるファイルであればあるほど高まるように設計されてい

るため、むしろ誤配が生じるたびに、ほうぼうのノードに自動的に「キャッシュ」が蓄積されていき、全体的にはファイルの転送効率が上昇されていくことになります。

〔9〕「プロクシー」とは、主にウェブ用の技術で、インターネット上のウェブサーバにアクセスする際、ファイルの転送効率を高めたり、匿名性を向上させたりするために用いられる技術です。かつてまだインターネットのアングラ性が強かった頃、インターネット上で「ＩＰアドレス」を取得されることは、個人情報漏洩やクラッキング被害に繋がるため、大きな「リスク」であるとされていました。そのためこの時期には、相手側のウェブサーバにＩＰアドレスを直接公開することがないよう、プロクシーを介してウェブにアクセスすることが一部で推奨されていました（ネット用語で「串」「クシ」）などと呼ばれていました）。

〔10〕ウィニー開発者の金子氏によれば、ウィニーとビットトレントは、ファイルの転送効率という点で共通するが、前者は匿名性を、後者はオープンソース開発という点で異なっていると指摘しています（「『Winny の技術』をもとに当時の到達点を明らかにする」）。

〔11〕高木浩光「良心に蓋をさせ、邪な心を解き放つ――ファイル放流システム」二〇〇四年、〈http://takagi-hiromitsu.jp/diary/20040608.html〉。また、本文中のウィニーに関する考察は、東浩紀氏と石橋啓一郎氏による以下の議論に大きな示唆を受けています。「『脱社会的存在』としてのウィニート（Winny＋NEET）」『ised@glocom』倫理研第一回、共同討議第三部、〈http://ised-glocom.g.hatena.ne.jp/ised/00101030〉。

第六章
アーキテクチャは
いかに時間を操作するか？

ニコニコ動画／Twitter／Second Life

ユーザーたちは、どのような「時間」を共有しているか？

本章では、二〇〇七年に注目されたソーシャルウェアの比較分析を行なってみたいと思います。以下に取り上げるのは、①マイクロブログの[1]「ツイッター」、②動画にコメントをつけて視聴できるサービス「ニコニコ動画」、そして③仮想空間サービス「セカンドライフ」の三つです。

それぞれ一般化しておけば、①ツイッターは「ライフログ」や「ライフストリーミング」などと呼ばれる、生活履歴情報を細かに記録・発信するサービスの代表例として、②ニコニコ動画は「ユーチューブ」以降の「動画共有サービス」の変異形《ヴァリアント》的存在として、そして③セカンドライフは、古くからサイバースペースと呼ばれ夢見られてきた「仮想世界《ヴァーチャルワールド》」型のサービスがいよいよ具現化した存在として、位置づけることができます。いずれも、今後のインターネット／ウェブ上の重要なアプリケーションの一つになるだろうと目されています。

しかし、以下ではそれらのサービスの細かい点はあえて無視して、比較するポイントを、次のたった一点に絞りたいと思います。それは「時間」です。

それはこういうことです。各サービスはネットコミュニティサービスですから、そのサービス上には、複数のユーザーがいる。そしてそれぞれのサービス上では、そのユーザーたちの間で、文字が発信して読まれたり、動画を見てコメントを交わしたり、仮想世界を徘徊したりする。そのとき、複数のユーザーたちの間で、どのような「時間」が共有されているのかに着目してみたいということです。

そして結論を先取りすれば、そのなかでもニコニコ動画は、本書が着目するアーキテクチャの作用によって、これまでにないような時間性を——ここでは、その新しい時間性のことを「仮想時間」とでも呼ぶことができるでしょう——実現しています。それでは、早速分析を始めていきましょう。

同期／非同期——メディア・コミュニケーションの「時間」

まず、「時間」をめぐる分析について、基本的なことがらを確認しておきましょう。

いわゆるメディア論やコミュニケーション論と呼ばれる領域では、「同期」と「非同期」という区別が一般的に用いられてきました。同期的なメディアというのは、そのメディアを通じてコミュニケーションを行なっている人々が、（たとえ空間＝場所は互いに離れていたとしても）同じ時間＝現在を共有しているということを意味しています。これに対し、コミュニケーションの発信と受信の間に「時間差」が存在している場合は、非同期的ということになります。

同期の側に分類されるのは、電話やテレビです。電話で二人がしゃべっているとき、互いの身体は遠く離れているけれども、その場で二人が同じ時間を共有して会話をしているので、同期型のメディアです。ただし、留守番電話は非同期の側に入ります。電話という同じ技術は使っていますが、そのコミュニケーションは同じ時間を共有しないで成立しているので、非同期です。また、テレビというのは、テレビ局から電波にのせて一斉同時に同じコンテンツが発信されるという「電波放送」という技術の特性上、同期型のメディアに分類されます。ですからラジオも同期メディアです。

これに対し、手紙・本・雑誌といった「紙メディア」は非同期側に入ります。これらは、発信側が何かを紙に書くなり印刷するなりして、それを相手に物理的に届け、しばらく時間が経った後に受信側がそれを読むので、メッセージの発信と受信の間に「時間差」が必ず発生するからです。

ただし、新聞になると扱いは微妙になってきます。日本では、新聞は毎朝同じタイミングに配達されて、会社に行く前にお父さんが新聞を読む、というイメージがかつては共有されていましたが、これは読み手側の受信するタイミングが、かなりシンクロしています（一日前の新聞を、今日読むという人はきわめて少ないはずです）。しかも新聞の場合は、印刷から配達までのプロセスが極端に短縮されているので、発信側と受信側のタイムラグはかなり短い。そのため、紙という媒体は使っているけれども、テレビのような同期型メディアにきわめて近いのです。

インターネットは非同期か？

さて、それでは本書が扱ってきたようなウェブ上のソーシャルウェアはどちらの側にあったかというと、その多くが「非同期」の側に分類されます。

まず、ウェブ上のコンテンツは、ブログならば「出版」にたとえられるように、雑誌や新聞に近いものなので、非同期型のメディアです。ブログも2ちゃんねるもSNSも、いずれも、書き手がなんらかの情報（テキストなど）を投稿するタイミングと、読み手側がその情報を閲覧するタイミングはバラバラです。つまり、情報の発信側と受信側は「非同期的な」（同じ時間を共有していない）関係にあります。また、電子メールは、基本的にはその名のとおり「手紙」と同じですから、非同期の側に分類されます。

もちろん、電子メディアの場合は、紙に印刷するというプロセスを省略することができますから、比較的瞬時に相手側に届け、そしてそれに応答することができます。実際、電子メールを即座に返信する「即レス」や、2ちゃんねるの掲示板に常駐して、更新ボタンを押し続ける状態というのは、同期的なコミュニケーションに分類できるでしょう。ただし、ウェブにしても電子メールにしても、インターネットというのは、大元の技術が非同期の側に分類される特性を持っていました。

詳細な説明は省きますが、「TCP／IP」[2]や「パケット通信」[3]などと呼ばれる、インターネットの通信の仕組みというのは、A地点からB地点まで、いったんパケットという小包に細かく区分けして、そのとき空いている経路を使って、ばらばらに情報を送るという方式です。たとえるならば東京から大阪まで、あるときは中央高速、あるときは東名高速、あるときは船、と三日間かけて送るというイメージです。そして、大阪の物流センタにいったん情報を蓄積して、そのうえで情報をまとめなおして配送するというように、インターネットは「ばらばらにしてまとめる」通信システムになっています。

つまり、インターネットというのは、その通信方式のレベルで、非同期的なズレが必然的に生じるようになっていて、どちらかといえば、「テレビ」や「ラジオ」といった同期メディアよりも、「手紙」や「雑誌」といった非同期メディアを再現するほうが向いていたのです。このほうが、通信インフラを運営するコストも電話に比べると安く、いろんな業者や技術が入ってきても、とにかくパケット方式さえ守れば、文字のように小さいデータの小包であろうと、動画のように大きなデータであろうと、とにかく配送することができる。これがインターネットの大元の特徴でした。

もちろん、インターネット上のアプリケーションのなかには、昔から同期的なものが存在してきました。たとえば、いわゆる「チャット」をするための「ＩＲＣ」[4]や「インスタント・メッセンジャー」（ＩＭ）といったものは、比較的初期の頃から存在していました。チャットというのは、いうまでもなく、両者の間でリアルタイムにコミュニケーションが交わされるため、常に両者はＰＣの前に張りついてキーボードを叩いている状態にあります。また、オンラインゲームや「スカイプ」のような音声通話アプリケーションも、同期的なメディアに分類できます。しかし、インターネット上の同期型通信は、非同期型通信に比べるとサーバの負荷などのコストがかかりますし、そもそも、数十人のレベルを超えて同時に大勢のユーザーと会話すること自体が、現実問題として不可能ですから、それほど大規模なものは多くは存在していなかったのです。

さて、以上で同期・非同期の解説は終わりますが、そのポイントは、マスメディアであろうとインターネットであろうと、これまでのメディア・コミュニケーション技術は、同期か非同期か、どちらかの特性しか持っていなかったという点にあります。しかし近年では、単純に「同期」とも、「非同期」とも括ることができない、新たな「時間性」を実現するソーシャルウェアが登場したのではないか。これが筆者の考えです。以下で細かく見ていくことにしましょう。

ステータス共有サービス・ツイッター

まず、ツイッターの分析から始めます。このサービスは、「現在自分が何をしているのか」というステータス（状態）に関する情報を、一回あたり半角一四〇文字以内のテキストで投稿する、というものです。

最近では、こうしたツイッターに類似したサービスのことを、「マイクロブログ」などとも呼ぶようです。第二章でも紹介したとおり、ブログには、トラックバックやコメントやデザインテンプレートの編集といったさまざまな機能がついていますが、ツイッターはこれに対し、「一四〇字しか打てない」という字数制限を持つなど、シンプルな機能に絞ることで逆に人気が出たサービスです。

簡単にその使い方の例を説明してみましょう。まず各ユーザーは、その時点の自分の状態や、ふと思いついたフレーズを、ブラウザやメールやIMから投稿します。たとえば、誰かが「夕ご飯はカレーを食べた」という状態について書いたとしましょう。この時点では、このメッセージは単なる「独り言」の状態です。

すると、ツイッター上では、その投稿されたメッセージは、自分のことをフレンド登録しているユーザーに、ほとんどリアルタイムで通知され、各ユーザーに読まれていきます。ブログやSNSに比べて、「現在のステータスを共有する」というコンセプトで設計されたツイッターは、IMや携帯電話などとの連携機能によって、リアルタイムでメッセージを読み書きするための仕組みや周辺ツールが多く揃っています。

そしてツイッター上では、ときとして、そのメッセージが「連鎖」していきます。たとえばこの書き込みの数分後、フレンドユーザーが、「俺もカレーを食べた」と書いたとします。このとき、この後者の独り言は、前者の独り言を受けた「会話《コミュニケーション》」としての性格を帯びます（ツイッターでは、他のユーザーに対する返信という形で、明示的にコミュニケーションの「繋がり」を通知することができます）。

さらに、このカレーに関する「独り言」が連鎖していくことで、「みんなカレーを食べているので、自分も晩飯をカレーにした」という書き込みが出てきたりする。これは「ツイッター使いにありがちなこと」という「あるあるエピソード集」に挙げられている例なのですが、こうしたたわいもないコミュニケーションの「連鎖」が、ツイッターの魅力の一つとして挙げられているのです。

ここではカレーというたわいもない例をあげましたが、ツイッター上では、会議でアイデアをぽんぽんと出しあう、「ブレイン・ストーミング」に近い状態もしばしば生まれているようです。通常、ブログで文章を入力する際のフォーム（入力欄）というのは、一四〇字よりもずっと長い、論理のきちんと通った、引用元のリンクもきちんと含むような文章を書かないといけない……ということを思わせるインターフェイスになっていたら、ます。少なくとも、ブログでは、思いつきレベルのことをぼんぼんと書いていたら、「軽薄短小」と思われかねません（そういうブログはいくらでも存在していますが）。ツイッターであれば、ポンとその場で思いついた気の利いたアイデアを気兼ねなく投稿することができる。そして、そのアイデアにつられて、ほかの人がそのブレイン・ストーミングに参加してくることもあるわけです。

このように、ツイッターはマイクロブログというその名のとおり、投稿文字数が短く制限されていることから、ブログなどに比べて、まとまった質／量のテキストを投稿することができません。逆にその制限は、ブログのコメント欄やトラックバックに比べて、より更新感覚の短い／反応の早いコミュニケーションを促しているわけです。

以上の事例から、ツイッターの特徴は、①テキストが短く、②ＩＭやケータイと連動し、読み書きの即時性・反射性を促し、③コミュニケーションが突発的・局所的に連鎖する、という三点にまとめられます。

選択同期とは？
――同期と非同期の両立

ここでのポイントは、特に三点目の特性（突発的で局所的な連鎖）にあります。その特性を、同期と非同期という言葉を使って表現しなおしてみましょう。まず、基本的にツイッターは、各ユーザーがばらばらに（＝非同期的）に「独り言」をつぶやくツールです。しかし、上に見たプロセスのように、それはしばしば一時的に／局所的に、あたかも同期的であるかのようなコミュニケーションの連鎖を生み出します。ツイッターの特徴は、こうした同期と非同期の両方の特徴をあわせ持っている点にあります。

重要なのは、あくまでその同期的コミュニケーションの連鎖というのは、何かシステム的に強制的に／自動的になされるものではない、ということです。あくまでそれは、ユーザーの自発的な「選択」に委ねられています。

これに対し、完全に同期的なコミュニケーション・ツールであるＩＭやチャットでは、コミュニケーションに参加する主体が同じ時間を共有するため、会話中の「沈黙」は気まずいものとして回避され、常になんかしらの「相槌」を打つ必要に迫られます。あるいは、同期メディアの使い方が難しいのは、たとえば電話の例を考えればわかるように、同期的コミュニケーションに相手を誘うという行為（たとえば「電話をかける」ということ）が、相手の状況に突如として闖入してしまうために、ときとして迷惑をかけてしまうかもしれないという点にあります。

こうした同期的コミュニケーションの特性は、しばしば参加者の側に圧迫感やストレスや鬱陶しさを与えてしまうことになります。しかし、ツイッターは「独り言」を短い言葉で非同期的につぶやくだけでいい。つまり、同期的コミュニケーションのもたらす心理的負担を免除してくれるわけです。多くのツイッターユーザーが、その魅力をコミュニケーションの「ユルさ」として挙げているのですが、その背景には、こうしたツイッター独特の非同期と同期が入り混じったコミュニケーション・スタイルがあります。

以上の考察をひとことでまとめましょう。ツイッターの時間的な特徴は、「選択同期」と呼ぶことができます。すなわちツイッターは、基本的には「非同期的」に行なわれている発話行為（「独り言」）を、各ユーザーの自発的な「選択」（の連鎖）に応じて、「同期的」なコミュニケーションへと一時的／局所的に変換するアーキテクチャであるということです。

その新しさは、同期と非同期の両立という点にあります。いわゆる同期的なコミュニケーションは、電話にしてもチャットにしても、同じ時間を実際に共有しなければ（たとえばＰＣの前に向かって常にキーボードを叩き続けなければ）、物理的に成立することがありませんでした。しかしツイッターは、字数制限や他メディアとの連携といったさまざまなアーキテクチャ上の特性によって、各主体が「非同期的」な状況に置かれたまま、局所的かつ突発的に同期的なコミュニケーションを生起させているわけです。

さて、ここでは「選択同期」という特性を、あたかもツイッターに特有のものであるかのように説明してきましたが、実は決してそのようなことはありません。第四章でも説明してきましたが、いま若い人たちのミクシィの主な利用形態というのは、自分がいましていることを、メールを使って数行程度の文章として日記に投稿し、互いの足あとをチェックするというものになっています。かつては「日記」といえば、寝る前に自分と向き合って反省的に書くものでしたが、いまでは、その場で自分の起きたことを「実況」するものになっている（特に若いケータイユーザーの間では、こうした日記のことを、「りある」「りあたい」［リアルタイムの略］と呼ぶこともあるようです）。つまり、日本では、もともとブログやSNSをツイッター的に利用しているユーザーが一定数存在したということです。

ちなみにツイッターというサービスは、特に日本では、Web2・0系と呼ばれるツールに対する興味関心が普段から高く、ITリテラシーも比較的高いと見込まれる「イノベーター層」にまず訴求しました。その後ツイッターの日本のユーザー数は、二〇〇八年現在、（正式には公開されていないため、推測された数字ですが）十数万程度だといわれています（ツイッター全体では、こちらも推測値ですが約百万ユーザーとされていますす）。この数字は、ツイッターがもともと英語圏のサービスであったことを考えれば、きわめて大きいともいえますが、日本ではこれ以上の成長はあまり望めないのではないかと筆者は考えています。

その理由は簡単です。なぜなら、日本のネットユーザー（特にモバイルユーザー）の多くは、すでにツイッターが登場する以前から、「選択同期」的なコミュニケーションにいそしんでいるからに他なりません。ツイッター以外にも、多くの類似したサービスが日本語圏で登場しましたが、こちらも現状では、ツイッターの規模を超えるものはまだあまり見られないのも同様の理由です。そのため、「選択同期」型のサービスが、少なくとも日本でいまよりもさらに普及するためには、何か別の要素が加わる必要があると思われます。

動画コメントサービス・ニコニコ動画

次に、ニコニコ動画について見ていきます。

ニコニコ動画というサービスは、ひとことでいえば、「動画の再生画面上にユーザーがコメント（テロップ）をつけることができるサービス」です。ここでいう「動画にコメントをつける」という行為は、おおよそ次のような流れに沿って行なわれます。

まず、ニコニコ動画のユーザーは、動画を再生している最中に、自分がコメントを表示させたいと思うタイミングでコメントを投稿します。たとえば、あるユーザーが動画再生時間〈一分三一秒〉のタイミングでコメントを投稿したとしましょう。その後、別のユーザーが同じ動画を再生すると、このコメントは〈一分三一秒〉のタイミングで、動画の再生画面上に、右から左へ流れるように再生画面上に表示されます。

この一連のプロセスは、比喩的に表現するならば、映画のフィルムの上に直接文字を書き込んでしまうことで、その文字を直接スクリーン上に映し出してしまうようなもの、ということができるでしょう。フィルムに直接文字を書き込んでしまえば、誰がそのフィルムを再生しても、必ず同じタイミングでその文字が映し出されることになるからです（ただし、単にフィルム上の一箇所に文字を書き込んでも、実際には一瞬で表示されて消えてしまう「サブリミナル効果」状態になるだけですが）。

さて、こうして書き込まれたコメントが動画再生中に次々と流れていく様子は、まるで一つの画面をみんなで鑑賞しながら、動画の内容について、視聴者の側でワイワイガヤガヤと会話を交わしたり、ツッコミを入れたりする〈かのよう〉です。さらにニコニコ動画では、同じタイミングで投稿されたコメントが多ければ多いほど、同時に画面上に表示されるコメント数は増大します。そのため、ついには肝心の動画自体が見えなくなってしまうほどに、コメントが画面上を埋め尽くしてしまうこともしばしばです。

しかしニコニコ動画では、むしろ画面上を覆い尽くすほどにコメントが投稿されているかどうかが、「面白さ」や「盛り上がり」を計るための指標になっています。ニコニコ動画で人気を集めている動画では、その動画がひときわ盛り上がるポイントで、歌詞や決め台詞が一斉に投稿されます（それは「弾幕」と称されています）。まるでその様子は、スポーツ観戦やライブ・コンサート等の観客席において、観客たちが応援や野次や歓声を飛ばしながら、渾然一体になっている〈かのように〉も見えます。

ニコニコ動画というサービスの特徴は、こうした動画を視聴する側の「ライブ感」や「リアルタイム感」を醸成する点にあります。そして、この特徴は次のようにいいかえることができるでしょう。ユーチューブをはじめとする、ニコニコ動画〈以前〉の「動画共有サービス」の主たる目的は、動画コンテンツそれ自体をネット上で共有することに置かれていました。しかし、ニコニコ動画では、もはや動画自体が見えなくなるほどコメントが投稿されてしまう点に端的に示されているように、動画コンテンツの視聴自体は主目的ではありません。ニコニコ動画で目的とされているのは、動画を視聴する側の「体験の共有」に他ならない。つまり、このサービスをあえてひとことでいい表わすならば、「動画〈視聴体験〉共有サービス」とでもいうことができるでしょう。

擬似同期とは？
——錯覚による体験の共有

ただし、ここで留保をつける必要があります。いましがた筆者は「体験の共有」と書きましたが、先ほどから〈かのように〉と強調してきたように、それはある種の「錯覚」によってもたらされている、ということです。なぜなら実際には、各ユーザーの動画の視聴行為やコメント投稿行為は、時間も場所もばらばらに行なわれているからです。あくまで〈客観的〉に見れば、ニコニコ動画において、人々はばらばらに動画に対してコメントを投げかけている以上、それは「非同期的」なコミュニケーション行為です。これに対し、ニコニコ動画というアーキテクチャは、「非同期的」に投稿されている各ユーザーのコメントを、動画再生のタイムラインと「同期」させることで、各ユーザーの動画視聴体験の「共有＝同期」を実現しています。

先ほど挙げた、フィルムの比喩で説明してみましょう。ニコニコ動画とは、映画のフィルムの上に直接文字を書き込んでしまうことで、その文字を直接スクリーン上に映し出してしまうようなものと述べました。フィルムというものは、通常ぐるぐるに巻かれている状態にありますが、これをビーっと引き伸ばせば、一本の「定規」に見立てることができます。

この「動画＝フィルム＝定規」のアナロジーが意味しているのは、こういうことです。「動画」というものは、基本的に――あまりにも当たり前な事実の確認になってしまうのですが――誰に対しても、「前から後ろへ」という単一の方向に従って、きっちり同じ時間だけ再生される、という客観的な特性を持っています（もちろん一時停止や、早送り・巻き戻しをすることは可能ですが）。すなわち、動画を再生するという行為は、その動画を見る誰もが、「同じ長さと同じ目盛りの定規を持っている」という状態に等しい。そしてニコニコ動画というアーキテクチャは、各ユーザーから「非同期的」に投稿されるコメントを、この「定規の目盛り」に沿って整理することで、動画が再生される際、いかなるユーザーに対しても等しく「同期」されたタイミングでコメントを呼び出すことができるわけです。

以上の考察を、「主観的／客観的」という軸に沿って整理しなおしてみましょう。これも当然のことですが、本来「ライブ感」というものは、いわゆる〈客観的〉な意味での「時間」（時計が正しく刻んでいる時間）を共有していなければ、生み出されることはありません。しかし、ネット上で動画を観るという行為は、〈客観的〉な時間の流れから見れば、各ユーザーが自分の好きな時間に・自分の好きな動画を（オンデマンドに）視聴するという、「非同期的」な行為である以上、基本的にライブ感を生み出すことはできません。

これに対し、ニコニコ動画は、動画の再生タイムラインという「共通の定規」を用いて、〈主観的〉な各ユーザーの動画視聴体験をシンクロナイズさせることで、あたかも同じ「現在」を共有しているかのような錯覚をユーザーに与えることができるわけです。

哲学・思想用語をあえて比喩的に使えば、ニコニコ動画は、アーキテクチャによって「間主観的」な同期性を実現するサービスということができるでしょう。

以上に見てきたように、ニコニコ動画は、実際には「非同期的」になされている動画に対するコメントを、アーキテクチャ的に「同期」させることで、「視聴体験の共有」を擬似的に実現するサービスであるということができます。この特徴を、「擬似同期」と呼んでおきましょう。

そして、こうしたニコニコ動画の特徴は、先ほど記述したツイッターのそれときわめて類似しています。筆者は、ツイッターについて、〈基本的には「非同期的」に行なわれている発話行為（「独り言」）を、各ユーザーの自発的な「選択」（の連鎖）に応じて、「同期的」なコミュニケーションへと一時的／局所的に変換するアーキテクチャ〉と説明しました。ツイッターもニコニコ動画も、ともに〈客観的〉な時間の流れから見れば、利用者の間のコミュニケーションは「非同期的」に行なわれているけれども、各ユーザーの〈主観的〉な時間の流れにおいては、あたかも「同期的」なコミュニケーションがなされている〈かのように〉見えるということ。この点において、ツイッターとニコニコ動画は共通しているということができます。

もちろん両者の間には、見逃せない差異もあります。ツイッターでは、各ユーザーの自発的な選択によって同期的なコミュニケーションが立ち現われるのに対し、ニコニコ動画では、「動画という定規」に沿ってコメントを保存し・呼び出すというアーキテクチャが作動しているため、ツイッターのような「自発的な選択」という契機は必要とされません。ニコニコ動画のユーザーは、ただニコニコ動画上で動画を再生するだけで、他のユーザーの視聴体験とのシンクロをいわば「自動的に」感受することができます。

第一章で、「アーキテクチャ=情報管理型権力」の特徴を、法律のように人々が自覚的に守らなければ機能しない規制を「自動的に」（物理的に・無意識のうちに）実行する点にあると説明しましたが、この観点からいえば、ツイッターよりもニコニコ動画のほうが「アーキテクチャ度が高い」ということもできるでしょう。

3D仮想空間サービス・セカンドライフ

三番目に、3D仮想空間サービスの「セカンドライフ」について分析してみたいと思います。これは「メタバース」と呼ばれる仮想の世界を、アバターと呼ばれる自分の分身のキャラクターを使って楽しむことができる、というサービスです。

いま筆者は、「3D仮想空間サービス」という言葉を使いましたが、単に「3D」で仮想的に世界が表現され、そこに多くの人々が集まって何かをすることができるということであれば、「MMORPG」（Massively Multiplayer Online Role-Playing Game = 多人数同時参加型オンラインRPG）と呼ばれるオンラインゲームがすでに実現していたことです。

これに対し、セカンドライフの特徴は、「MMORPG」と見かけ上は酷似しながらも、いわゆる「ゲーム性」を取り除いた点にありました。ここでは、「ゲーム性」という言葉を〈なんらかの課題・目的の実現に向けてプレイヤーを動機づけたうえで、ゲーム内のルール設計を通じ、プレイヤーへの制約・資源・インセンティブ（望ましいこと／望ましくないこと）などが配備されている状態のこと〉といった程度の意味で用いています。

そして「ゲーム性」を打ち捨てるかわりに、セカンドライフが取り入れていたのは、仮想空間上の土地を所有し、そこに誰もが自由にオブジェクトを持ち込む／建設することができるという、いわゆるUGCのプラットフォームとしての性質です。さらにセカンドライフは、簡単なゲームであれば、ユーザーの側が作成することも可能になっています。一般に「ゲーム性」とは、ゲームを開発する側があらかじめアーキテクチャに埋め込んでおくものであって、基本的にプレイヤー（ユーザー）側はその改変を行なうことはできませんが、セカンドライフでは、メタバース上の簡易的な物理法則を制御することで、「ゲーム性」ですらユーザー側が作り出すことができる。こうした点が、MMORPGなどと比較した際のセカンドライフの特徴であり、そしてセカンドライフがブログやSNSに次ぐ、「ポストCGM系サービス」だと目された特徴でした。

こうした点で、先に米国で注目を集めたセカンドライフは、二〇〇七年の七月に日本語版が公開されたことで、日本企業のメタバース進出も相次ぎました。当時メディア上では、「日本でもセカンドライフはこれから本格的に盛り上がる」というムードが醸成されていたのです。しかし、かたやネット上の言説を見遣れば、セカンドライフは「もうすでに死んでいる」とでもいわんばかりの論調が大半となっていました。

その論拠はさまざまですが、その最も強い根拠として挙がっていたのは、セカンドライフの実態が「閑散としている」という認識でした。

たとえば、運営元のリンデン・ラボ社自身が公表している統計データによれば、当時アカウント登録数は急激に増えているものの、アクティブ・ユーザーの比率や常時ログイン利用者の数はかなり少ないということが判明しました。また、二〇〇七年には、すでに米国でも、セカンドライフに進出した企業が次々と撤退を始めていると伝えられ、その根拠もやはり「利用者の反応が乏しかったから」というものが挙げられていました。

このように、二〇〇七年の夏頃には、一般メディア上では連日セカンドライフ・ブームが伝えられるのに対し、ネット上ではそれが空騒ぎにすぎないことを指摘する、という対照的な構図が見られました。後者（ネット側）のおおよその主張を要約すれば、

「セカンドライフ・ブームは、ユーザーの利用という実体を伴っておらず、メディアや広告代理店が過剰に盛り上げている〈空虚なバブル現象〉にすぎない」というわけです。ある記事では、この事態を皮肉る形で、セカンドライフには「企業参入のパブリシティ効果はあるが集客がない」――「新しいことをやっている」とアピールすることでメディアには取り上げられるが、実際にはお客さんは来ない――と、みもふたもない形で表現していました。

真性同期とは？
――なぜセカンドライフは「閑散」としているか

それでは、なぜセカンドライフは「閑散」としているといわれてしまったのでしょうか。これにはさまざまな要因が考えられますが、そのなかでも特に重用なのは、セカンドライフのアーキテクチャに起因するものです。

まず、当時大きく話題になっていたのは、同じ場所に同時に存在することができるユーザー数に制限がある、という問題です。というのもセカンドライフでは、「プライベートSIM」（企業がセカンドライフから購入するメタバース上の「一区画」）に「共在」できるユーザー数の上限は、数十人程度となっていました。これは主にサーバの性能の問題とされていましたが、これでは、「人々が集まって活況を呈している」という光景それ自体が生み出されにくいのも当然です。

それでは、もし仮に「人数制限」というアーキテクチャ上の「欠陥」が今後改善されるとしたら——数百人・数千人規模で一サーバ上に共在できる能力が備わっていたとしたら——セカンドライフの「過疎化問題」は解決されるのでしょうか。たしかにそうなれば、常に活況を呈しているような「盛り場」がいくつか形成されるようになり、「どこもかしこも閑散としている」という印象は大分改善されることになるのかもしれません。

しかし、「人数制限」の問題はあまり本質的ではないと筆者は考えます。問題は、セカンドライフの「空間性」ではなく、「時間性」にあります。

それはどういうことでしょうか。セカンドライフは、そのコミュニケーション空間上に参加する主体が、同じ現在（時間の流れ）を共有するという意味で、同期型のコミュニケーションサービスといえます。つまり、それはインスタント・メッセンジャーやチャットなどと同列に並べることができるということです。この特徴をここでは、ツイッターの「選択同期」、ニコニコ動画の「擬似同期」と比較するために、「真性同期」と呼んでおきましょう。

実は、こうした認識は別段珍しいものでもなんでもありません。セカンドライフが注目されるかなり以前から、MMORPGは「超高性能チャットツール」でもあるといわれていました。というのも、通常RPGゲームというのは、ある一定の量の内容をこなしてしまえば、もはやその仮想世界のなかでやるべき事は残されていません。しかし、MMORPGの場合は、もはやゲーム的には十分飽きてしまっていても、仲間たちとの会話を楽しむことためにその仮想世界に日々ログインする、というある種のプレイ目的の変質が起きてしまう。大抵、ネットゲームにハマっている人というのは、「もう飽きているんだけど、居心地が良くてやめられないんだ」といった感想を漏らすものですが、それは上のような事態を指しているというわけです。

さて、セカンドライフは「真性同期」型のソーシャルウェアである。そうだとすると、問題は、なぜそれが「閑散としている」ように見えてしまう（見えやすくなってしまう）のかということです。その原因は、セカンドライフ上では、〈一人のユーザーが必ず単一の「場所」にしか存在することができない〉という――ごくごく当たり前の――事実に由来しています。

たとえばセカンドライフでは、一日前にはたくさんのユーザーが集まって賑わっていた仮想空間上の場所も、次の日には誰もいなくなってしまう――昨日まで盛り上がっていたのが、まるで嘘のように「閑散としてしまう」――ということがありえます。これは非同期型コミュニケーションと比較すればわかりやすいでしょう。ブログやSNSであれば、一日経ったからといって、他のユーザーがいなくなってしまうわけでもありませんし、コミュニケーションの機会が失われることはありません。盛り上がっている掲示板の内容は、次の日になっても基本的には追いかけて読むことができる。しかし、同期型コミュニケーションはそういうわけにはいかないということです。

こうした「真正同期」の特徴は、非同期型のそれよりも「機会コスト」が高い、と表現することができます。「機会コスト」というのは、「ある人とチャットをするということは、他のことをするチャンス（機会）が失われてしまう」ということです。つまり、他の人との「同期的コミュニケーション」が成立しない可能性が高いということです。

現実の世界でも、昔人気があったお店や観光地が、数カ月経てばブームも沈静化して閑古鳥が鳴いてしまう、ということはよくあります。しかしセカンドライフは、そのスピードがあまりに速くなる可能性を内在しています。というのも、セカンドライフというアーキテクチャは、「場所」という概念は〈現実的〉に――現実世界を再現することがある程度可能なように――実装されているのに対し、「距離」（ないしは「移動」）という概念があまりに〈非現実的〉に――"SLurl"という独自のロケイターや、検索ボタン一発で「テレポート」することができる――実装されているからです。

もちろん、テレポーテーションが可能なら、一瞬で一つの場所に大勢の人々が集まり、「盛況」となることも可能ではあります。しかし、今後セカンドライフの一サーバ上における共在能力が向上したとしても、「盛り場」と「過疎地域」の人口密度の格差は広がり、過疎地域の「過酷なまでの閑散さ」が増大することになるでしょう。皮肉なことに、セカンドライフはますます「現実の世界」に近づいていくのかもしれません。

あらためて確認すれば、「真性同期型」である以上、セカンドライフは「閑散としている」風景を完全にメタバース上から抹消することはできません。セカンドライフは、その「広さ」という観点で見ればたしかに大規模な仮想空間ではありますが、「人口密度」という点でいえば貧弱であり、それゆえ必然的に「閑散としている」光景を生み出してしまうのです。

真性同期は「後の祭り」、擬似同期は「いつでも祭り」

ここまで、筆者はツイッターを「選択同期」、ニコニコ動画を「擬似同期」、そしてセカンドライフを「真性同期」と分析してきました。この考察をもとに、以下ではインプリケーションを引き出しておくことにしましょう。それは、セカンドライフに比べて、なぜニコニコ動画が急速にユーザー数を獲得したのかという点に関わります。

ニコニコ動画の急速な成長には、当然複数の要因があると思われますが、ここでは特に、ニコニコ動画の「擬似同期型アーキテクチャ」としての特徴に着目してみましょう。

それはひとことでいえば、ニコニコ動画はその仕組み上「活況を呈している」ように見えやすく、それゆえにユーザーが寄り集まっているのではないか、ということです。

すでに分析したように、ニコニコ動画の特徴は、実際には同じ時間を共有していない（＝非同期的な）ユーザー同士が、あたかも同じ現在を共有して（＝同期的な）コミュニケーションを交わしている〈かのような〉錯覚を得ることができる点にありました。

ここで重要なのは、そうした擬似同期的コミュニケーションがもたらす臨場感・一体感は、「その場限り」のものではないという点です。

たとえば、コンサートにしても、映画にしても、そしてセカンドライフにしても、「真性同期」で臨場感を共有できるのは、その時と場所を共有した人々の間に限られます。その時間が過ぎ去ってしまえば、後から参加してきた人は、決してその臨場感を共有することはできず、いわゆる〈後の祭り〉の状態が訪れてしまいます。つまり、真性同期は臨場感が揮発しやすいという基本的性質を持っています。

しかし、ニコニコ動画では、付与されたコメントはシステム上に蓄積され、誰が映像を視聴しても同じタイミングで表示されるため、臨場感・一体感は何度でも反復して再現されます。ただし、実際には一つの動画あたりに表示されるコメント数に制限があるため、新たにコメントが投稿されると、古いものから順に表示されなくなっていきます。つまり、コメントは完全に同一に再現されるわけではなく、「差分」を伴って再現されるわけです。

　つまり、「真性同期型アーキテクチャ」が〈後の祭り〉を不可避に生み出してしまうシステムだとすれば、「擬似同期型アーキテクチャ」は、いうなれば〈いつでも祭り中〉の状態を作り出すことで、「閑散化問題」を回避するシステムである、ということができるのです。

　こうした擬似同期型アーキテクチャのポイントは、比喩的にいいかえれば、「祭りの賞味期限」が持続されやすいということを意味しています。たとえば、第三章で取り上げた2ちゃんねるでは、「一スレッドあたり一〇〇〇まで」という限界が設定されており、古いスレッドは「ｄａｔ落ち」して読めなくなるため、「祭り」状態が起きて数日経ってしまうと〈後の祭り〉状態が訪れてしまいます。だからこそ、いわゆる「良スレ」（質が高いと思われるスレッド）を自主的に保存する、「まとめサイト」「２ｃｈ系ニュースサイト」の存在が、その臨場感を「後追い」するのに重要な役割をはたします（たとえば『電車男』［二〇〇四年］も、そうしたまとめサイトを通じて存在が知られ、その内容を元に書籍化されたものでした）。これに対し、ニコニコ動画は、こうした人力で運営されている「まとめサイト」の機能を、いわばアーキテクチャ的に補完しているものとして捉えることもできるのです。

　また、2ちゃんねるとの共通性という観点でいえば、ニコニコ動画というアーキテクチャが「擬似臨場感」を高めるうえで〈優れている〉点として、「コメントを投稿したユーザーが誰だかわからない」という特徴、つまりコメントの匿名性を挙げることができます。

ニコニコ動画も2ちゃんねるも、いわゆる「自作自演」を指摘可能にするための仕組みとして、「ID制」("ID: 4sn6vcrS" のように、1レスごとに同日内の同一IDからの投稿者を見分けるためにIDが付与される仕組み)というものがありますが、ニコニコ動画のインターフェイス上では、どれが誰によるコメントなのかを区別することは一見しただけではできません。そのため、実際には一人のユーザーが大量のコメントを書き込んでいたとしても、まるで大勢の人間がその動画を見て盛り上がっているかのような「錯覚」を得やすいわけです。

ニコニコ動画は「いま・ここ性」の複製装置

こうしたニコニコ動画の特徴をメディア論的に捉えるならば、それは「いま・ここ性」の複製技術ということができます。

よく知られているように、ヴァルター・ベンヤミンは『複製技術時代の芸術作品』のなかで、かつて絵画・彫刻などの芸術作品は、「いま・ここ」に現前しているという

〈一回性〉によって「アウラ」を持ちえたが、一九世紀に台頭した写真・映画《フィルム》などの複製技術は、その〈一回性〉という条件を奪ってしまったと論じました。

ベンヤミンの考えによれば、芸術作品の「アウラ」は〈一回性〉という経験の条件によって――その対象がこの世界で唯一真正《オリジナル》の存在であるということ、そしてその対象を「いま・ここ」という一回限りの場において知覚・経験することで――支えられています。しかし、映画や写真やレコードといった、コンテンツを大量に複製《コピー》してしまう技術の出現は、その〈一回性〉を人々から奪い取ってしまいます。この構図は、きわめてシンプルで直感的に理解しやすく（「CDよりもやっぱりコンサートで聴くほうがいい」という感覚の延長で理解可能）、それゆえにか幾度となく参照されてきました。

しかし、いささか大仰にいえば、ニコニコ動画の出現は、こうしたベンヤミン的な構図の前提そのものを崩してしまうものではないかと筆者は考えます。なぜならベンヤミンのいう「アウラ」とは、「一つの身体は一つの場にしか存在できない」という、いわばリアルワールド（セカンドライフ）の制約条件を前提にしていたのに対し、ニコニコ動画は、本来ならば「その場の一回限り」にしか生じることのない「いま・ここ性」を、アーキテクチャの作用によって〈複製〉してしまう装置だからです。芸術作品（コンテンツ）が複製可能なのではなく、それを「いま・ここ」で体験するという〈経験の条件〉が複製可能であるということ。それは情報環境＝アーキテクチャの出現による、

「複製技術」のラジカルな(根源的なレベルでの)進化と捉えることもできるでしょう。ですから筆者は、ニコニコ動画は百年単位のインパクトを持ったメディア史的事件であると考えています。

擬似同期の経済分析

さて、こうした擬似同期をめぐる議論は、決してメディア論的な空論として筆者は展開しているわけではありません。むしろ経済的な観点から見ても、有益な視点を提供してくれます。

それはこういうことです。「同期的体験」というものは、「非同期的体験」に比べれば、経済学的にいえば「有限」で「希少」なものです。なぜなら、人は誰しもが「二四時間」という限られた時間しか有していないため、ある一つの社会において、「皆で一つの体験を共有する」という同期的体験の規模は、必ず有限になります。逆に非同期的体験は、各人が好き勝手にコンテンツを楽しめばいいわけですから、基本的にはほとんど無限に細分化することができます。これに対しニコニコ動画は、同期的体験という希少な資源を、アーキテクチャの効果によって「複製」しているわけです。

この性質を理解するために、たとえばマスメディアとネットの対立関係という、いささか手垢にまみれた問題に照らして考えてみましょう。

マスメディアというのは、すでに説明したとおり、一斉同時にコンテンツをブロードキャストするという点で、同期型のメディアです。かつては、たとえば「力道山」でも「紅白歌合戦」でも「巨人戦」でもいいのですが、このマスメディアの同期性によって、テレビを「お茶の間」で見るということが、そのまま「日本人全体がこれを見ている」という一体感（シンクロ感）に繋がっていました。

これに対してインターネットの出現は、テレビや新聞のように、「みんなが一斉に同じタイミングで同じコンテンツを見る」という体験のシンクロ性をばらばらに解体してしまうものでした。インターネットは、電子メールにしてもウェブサイトにしても、基本的に自分の好きなときに自分の都合でコンテンツにアクセスできる、非同期型のメディアだからです。

特にテレビが社会の中心にあった世代の人々にとって、ネットの出現をネガティブなものだと感じさせていたのはこの点にあったと思われます。ネットは非同期型のメディアなので、皆がいま何を見ているのかがよくわからない。それゆえに、社会の一体感や透明感のようなものを失わせるように感じさせてしまうわけです。

しかしその一方で、ネットの出現によって、人々の行動がばらばらに拡散するのは「よいこと」だと考える人も多く存在しています。現代人は皆忙しくなって、興味関心も多様化してばらばらになった。もはやみんながみんな巨人が好きなわけではない。だから、自分の都合のいい時間に、自分好みのコンテンツを視聴できるオンデマンド型＝非同期型のメディアがいい。ネットの出現を言祝ぐ人々は、こう主張してきました。

また最近では、テレビもハードディスク・レコーダーやユーチューブを通じて見る人が増えているといわれます。これについてメディア業界や広告業界の人たちは、「テレビCMがカットされてしまう」という点を問題にしますが、より本質的なのは、これは「同期」型のメディアだったテレビが、「非同期」的に消費されていくという、視聴体験の変化を意味しているということです。

このように、インターネットやハードディスク・レコーダーなどの出現によって、基本的に現代のメディア環境は非同期型中心にシフトしつつあると考えられてきました。しかし、非同期型メディアにも弱点があります。それは、非同期型だとコミュニケーションチャネルが膨大に細分化してしまうので、どこで何が盛り上がっているのかが見えにくくなってしまうという問題です。そのため、孤独に耐えられるか、よっぽど自分の趣味の体系を確立した人でなければ、非同期型＝オンデマンド型のメディアだけで満足するのは難しくなります。しかし、すべての人があらゆるジャンルにおいて、そういうタイプの人になれるわけではありません。

そこで登場したのが、ニコニコ動画でした。ニコニコ動画のユーザーは、基本的には非同期型のハードディスク・レコーダーを使うように、自分の好きなタイミングで自分の好きな動画を見ることができる。しかし動画上にコメントが流れることで、まるで他のユーザーたちと同じ場所で、いっしょにわいわいがやがやと動画を見ているような感覚が得られる。それはかつてテレビの時代に共有されていたような、「お茶の間のシンクロ感」を再現しているようなものです。つまり、ニコニコ動画の擬似同期性は、テレビを再び擬似的に取り戻すということ、すなわち「バーチャルお茶の間」の実現を意味しているということができます。

このように、ニコニコ動画の「擬似同期性」は、マスメディアの同期性とインターネットの非同期性の「いいとこ取り」になっています。さらにいえば、この特性は筆者には、ニコニコ動画こそがまさに「通信と放送の融合」、つまりインターネットとマスメディア（テレビ）の融合を実現したように思われます。かつてライブドアや楽天といったネット企業がテレビ局を買収しようとしたとき、「融合」といっても、それはせいぜい「野球番組をネットでストリーミング放送する」「通販番組とネット通販を連動する」といった程度のアイデアにすぎませんでした。これに対しニコニコ動画は、よりアーキテクチャの本質的なレベルで、マスメディア的なものをインターネット上に出現させてしまったのではないか。――これが筆者の考えです。

日本社会論、三度再び

さてここで、本書がこれまで何度も反復してきた問題について考察してみたいと思います。以上の考察を読まれた方のなかには、すでにこう思われる方もいるでしょう。「擬似同期がそれだけ優れたアーキテクチャだというのならば、なぜ世界的に見て、日本のウェブ上だけに、そのようなサービスが登場してきたのか？」と。

実際、ニコニコ動画のように、動画の再生とシンクロして画面上にコメントが表示されるというサービスは、世界的に見ても類例がありません（ちなみにニコニコ動画では、二〇〇八年七月現在、台湾語版・スペイン語版・ドイツ語版への国際化対応を行なっています）。動画にテロップやコメントを表示できるサービスは英語圏にも存在していますが、これらはあくまで「注釈《アノテーション》」をつけるためのものとして位置づけられており、ユーザー間の「コミュニケーション」を行なうためのものではないのが現状です。

また、もともとニコニコ動画は、開始当初の数カ月間は、ユーチューブの動画データに、コメントを被せるという仕組みで提供されていたのですが、逆にユーチューブの側は、こうしたコミュニケーション機能をほとんど提供していない点こそが特徴となっていました。ユーチューブにはコメント欄などのコミュニケーション機能も備わっているのですが、基本的なユーチューブの使われ方というのは、掲示板・ブログ・メール・IMなどで紹介されたURL、ないしは動画の「埋め込み再生画面」をクリックするだけで、次の瞬間には動画の再生が始まるというものです。そこには、P2Pファイル共有ソフトウェアを利用する際に必要なインストール作業や、SNSを利用する際に必要な招待状などは一切必要とされません。

つまりユーチューブのアーキテクチャ上の特性は、他のソーシャルウェアから「リンク一つクリックすれば届く距離」という近傍に存在しつつ、クリックさえすれば動画が即座にブラウザ上で再生されるという点にあります。ですから、逆説的な表現をすれば、ユーチューブの「ユーザー」は、それを「利用」しているという意識を持つことはほとんどないでしょう。単に動画が再生されるだけのサービスだからです。それゆえに、ユーチューブは英語圏のサービスであったにもかかわらず（正式に日本語版が提供されたのは二〇〇七年六月から）、比較的早い段階から、日本のユーザーがきわめて多かったのです。

ここからいえることは、単に動画を見て、それをネタに、どこか別の場所でコミュニケーションを交わすというだけならば、ニコニコ動画は必要なく、ユーチューブだけでもよかったはずなのです。にもかかわらず、なぜニコニコ動画は日本で生まれたのか。なぜ急速にユーザーを集めたのか（ニコニコ動画の登録ID数は、サービス開始から約一年半で七百万を突破しています）。そして二〇〇八年現在、日本にしかそのようなアーキテクチャが存在していないのはなぜか。

その答えは明らかでしょう。本書でも明らかにしてきたように、日本のウェブ上には、2ちゃんねるにミクシィと、日本特殊型のソーシャルウェアが生まれてきます。そうしたいわば「ガラパゴス的」な——日本独自の進化を遂げてしまった日本のケータイがしばしばそうたとえられているように——進化の原動力ともなってきたのが、「繋がりの社会性」です。つまりニコニコ動画は、ユーチューブよりも、もっと直接かつ強力に「繋がりの社会性」を実現するためのアーキテクチャとして生まれてきたということです。

コミュニケーションの内容ではなく、事実のほうが重視されるということ。その傾向は、ニコニコ動画の画面上に、もはや肝心の動画が見えなくなるほどにコメントがつくところに、明瞭に表われています。もはやそこでは、動画の内容自体ではなく、動画を「ネタ」にしながら、ユーザー同士がコミュニケーションすることのほうが主目的になっています。

ニコニコ動画での「ネタ的コミュニケーション」（鈴木謙介）は、おおよそ次のようなパターンを取ります。たとえば、画面中のどこかに、なんらかの「ネタ」が埋め込まれているとしましょう。そしてネタの存在がユーザーの目に明らかな場合（顕在的ネタ）、ニコニコ動画のユーザーは、ほとんど脊髄反射的にキーボードの「ｗｗｗ」を連打し、改行キーを叩くことで、「笑い」（ｗ）のリアクションを動画上に投入していきます。あるいは、ネタの存在が一目見ただけではわからない場合もあります（潜在的ネタ）。その存在は、「ツッコミ」に相当するコメントによって発見（顕在化）され、それに引きずられる形で「笑い」（ｗ）が起こっていく。このように、「ネタ」（↓「ツッコミ」）↓「笑い」という一連のチェーンが、ニコニコ動画におけるコミュニケーションの基本的な構成要素となっています。

コメントという「メタレベル」から、動画という「オブジェクトレベル」にツッコミを入れ、その対象をネタ的に享受可能なものへとズラしていくコミュニケーション。ニコニコ動画の監修役でもある西村博之氏は、ニコニコ動画の特徴を「（ツッコミによって）面白くないものを面白くする」点にあると述べていますが[5]、そのツッコミという作法こそ、まさに2ちゃんねるという先行するソーシャルウェアのコミュニケーション作法を継承したものになっています。

第三章でも紹介したように、2ちゃんねるでは、とにかくある事柄を「ベタ」に（字義通りに）捉えるのではなく、たとえば朝日新聞であれば「またサヨが何かいってる」といったパターン認識を行なうことで、「メタレベル」からの解釈の脱臼を差し挟んでいくアイロニカルなコミュニケーションが展開されます。ニコニコ動画は、まさにこの2ちゃんねる的コミュニケーションの「動画版」ともいうべきものです。

このほかにも、特にニコニコ動画は、2ちゃんねる管理人の西村博之氏が監修を務めていることもあってか、とりわけ2ちゃんねるとの共通点が多く見出されます。たとえばニコニコ動画で使われる特有のジャーゴンは、2ちゃんねるのそれと多くの共通点を持っています（笑いのリアクションを意味する「ちょｗ」など）。またニコニコ動画では、コメントの投稿者や動画をアップロードしたユーザーの名前が自動的には表示されません。つまり匿名性が高いわけです。

その匿名性は、あくまで擬似的なものであるという点もまた注目に値します。なぜならニコニコ動画は、（ミクシィと同様に）会員にならなければそのサービスの内部を一切閲覧することができない、クローズド型のサービスだからです（二〇〇八年の春頃からは、外部再生プレイヤー機能も提供していますが、ログインしなければ内部を閲覧することができない仕様に変わりはありません）。これはシステムの裏側では（運営側から見れば）、一切ユーザーの匿名性は存在していないことを意味しています。たとえば著作権違反にあたる動画のアップロードをしたユーザーは、アカウントを停止されることがままあります。つまりシステム側は、誰がどの動画をアップロードしているのかを追跡している。しかし、にもかかわらず、ニコニコ動画は、ユーザーの目に見える領域では（表面上は）匿名性の強いサービスに見えるように設計されているのです。

非同期の2ちゃんねる、擬似同期のニコニコ動画

しかし、2ちゃんねるとニコニコ動画の間には、見過ごすことのできない差異も存在しています。ここにも、本章で見てきた「同期」と「非同期」の概念が関係してきます。

2ちゃんねる上のコミュニケーションは、一般的な掲示板（BBS）のシステム同様、「1→2→3→…」とレスやスレッドが単線的に積み重ねられていきます。そして、あるネタに関するコミュニケーションが盛り上がり、「祭り」と呼ばれる状態になると、スレッドの進行速度は急加速し、アイロニーゲームの「現在地」は、「1スレ→2スレ→3スレ→…」と次々に移行していくことになります。

問題は、その展開にリアルタイムに（＝同期的に）参加していなければ、次々と「祭り」の共同体からは寸断されてしまうということです。先述したように、「まとめサイト」などを通じて、「祭り」の動向を「後追い《フォロー》」することはある程度可能ですが、「時間の流れ」を誰も止めることができない以上、祭りの参加者間で共有される文脈は、必然的に分散しやすくなります。

だからこそ、2ちゃんねるでは「祭り」の求心性を高めるために、新たなネタ（「燃料」）が絶えず必要とされます。その結果、しばしば2ちゃんねらーたちは、その外部

の対象へと「突撃」を仕掛けることで、燃焼効率の高いネタを引き出そうとするのです。これまで多くの2ちゃんねるの実態に詳しい社会学者たちが説明してきたように、2ちゃんねるが時には「ネット右翼」の巣窟にも、あるいは徹底的な「草の根ジャーナリズム」の理念の体現者にも見えてしまうのは、こうした「ネタ」を外部に求めていくコミュニケーションの運動が、過剰に暴走した結果といえます。

こうした一連のメカニズムについて、すでに本書でも何度か参照してきた北田暁大氏は、「(何がベタで何がメタかの基準を提供してくれる)疑似超越者なきアイロニーゲーム」と呼んでいます。[6] 北田氏の考えでは、2ちゃんねるのアイロニーゲームがしばしば暴走してしまうのは、「超越者」がどこにも存在しないからです。八〇年代のテレビ文化は、「ギョーカイ」と呼ばれる裏側が、何が笑うべきところなのかをあらかじめ演出=決定していたため、視聴者の側は、その基準に安定して準拠したうえで、半ば「踊らされている」ということをアイロニカルに自覚しつつ、盛り上がることができました。しかし、2ちゃんねるには、「ギョーカイ」のような超越的な審級は存在しません。たとえば掲示板を管理する「ひろゆき」という存在がいるにしても、彼がすべてのスレの方向性を決定づけているわけではないのです。

2ちゃんねる上のコミュニケーションがしばしば暴走してしまうもう一つの要因として、そのコミュニケーション・アーキテクチャが「非同期的」で「単線的」であるという点をつけ加えたいと思います。すでに触れたとおり、2ちゃんねるでは、コミュニケーションが加速的に連鎖すればするほど、必然的にアイロニーゲームの共同体に「非同期性」のヒビが入り、その「いま・ここ性」は不可避に分断されてしまう。それゆえに、2ちゃんねる上のコミュニケーションの文脈は安定化せず、無理にでも大きな「ネタ」を引き出してこようとすることで、しばしば暴走へと至ってしまうのです。

これに対し、ニコニコ動画はどうでしょうか。先述したとおり、ニコニコ動画という「擬似同期型アーキテクチャ」においては、常にコンテンツ（動画＝ネタ）とコミュニケーション（コメント）は同一画面上に重なって表示されます。つまりニコニコ動画上のアイロニーゲームの共同体は、「動画」という基底層とシンクロすることで、すべての参加者にとって常にリアルタイムなものとして現前しています。裏返していえば、ニコニコ動画は、コミュニケーションの文脈を分断させる「非同期性」（時間のズレ）を、アーキテクチャの効果によって擬似的に抹消しているのです。

いま一度繰り返せば、北田氏は、八〇年代のアイロニーゲームはテレビ（ギョーカイ）という「疑似超越者」によって支えられていたけれども、その継承者たる二〇〇〇年代の2ちゃんねる文化においては、その効果が失われていると論じました。しかし、以上の考察を踏まえるならば、ニコニコ動画は「擬似同期型アーキテクチャ」という機構によって、再びその効果を文字通り「擬似的」に取り戻しつつあるのではないか。これが筆者の考えです。

ニコニコ動画では、まさにその効果によって、2ちゃんねるに比べてコミュニケーションが空転・拡散・暴走するリスクが相対的に低く抑えられているように思われます。ここでは、その効果を実証的に示すことはできませんが、傍証として、たとえばニコニコ動画と2ちゃんねる上で起こる「祭り」の性質を比較してみることにしましょう。

2ちゃんねるの「祭り」は、そのほとんどが2ちゃんねる外部へのコミュニケーション圏（ブログ、ミクシィ、マスコミ……）への具体的な「侵攻」を伴います（コメント欄を荒らすこと、F5アタックを仕掛けること、現場への「突撃」を行なうこと……）。それはありていにいって、「野蛮」な印象を与えます。それゆえ2ちゃんねるの存在は、長らく恐怖や侮蔑の対象となってきたわけです。

一方、ニコニコ動画で起こる「祭り」は、その内部で完結するものがほとんどです。その盛り上がりが、しばしばニコニコ動画の外部から注目を集めることはあっても（「初音ミク」「猫鍋」「吉幾三マッシュアップ」など）[7]、ニコニコ動画が起点となって、その外部の集団への「侵攻」が行なわれることは滅多にありません（ただし、これは著作権侵害という観点で見れば話は別なのですが、ここではあくまで「祭り」という観点に絞ります）。

しかもニコニコ動画では、かつて北田氏らが憂慮していたような「ネット右翼的なもの」（嫌韓・反サヨ・反マスコミ）の勢いは、明らかにとまではいえないまでも、かなりの程度、後退・減少しつつあるように筆者には思われます。もちろん、そうした内容の動画やコメントは決して消滅したわけではなく、しばしばランキングの上位に上ることもあるのですが、2ちゃんねる時代に比べると、これらが「祭り」のメイントピックとなることは少ない。たとえば再生数ランキングの歴代上位一〇〇位のなかに、「ネット右翼」絡みのコンテンツは存在していません。

このことは、ニコニコ動画の「由来」を考えれば、ほとんど驚くべきことではないでしょうか。ニコニコ動画のコミュニティは、多くの人々によって、2ちゃんねるに「似ている」と感受されています。おそらく日本に2ちゃんねるがなければ、ニコニコ動画も生まれてくることはなかったでしょう。にもかかわらず、上に見たような違いが生じているということは、日本のソーシャルウェアの進化的プロセスを考えるうえで、見過ごせないポイントだと筆者は考えています。

〔1〕「マイクロブログ」とは、一般的なブログに比べて、利用できる機能に制限がある（たとえばツイッターであれば投稿字数制限）ものを指します。ツイッター以外にも、「タンブラー」（Tumblr）や「ジャイク」（Jaiku）などが知られているほか、二〇〇八年には、ミクシィが「エコー」という類似のサービスを、ミクシィ内で期間限定で提供しています。

〔2〕「TCP/IP」とは、それぞれ「Transmission Control Protocol」と「Internet Protocol」の略で、インターネットの基本的な通信プロトコル。IPは「IPアドレス」といわれるように、いわば郵便の「宛先」にあたるもの。そして「TCP」は実際に配達を行なう通信技術を指す。WWW(ウェブ)も、電子メールも、P2Pも、基本的にこのTCP/IPという通信プロトコルの上で作動しています。

〔3〕「パケット通信」とは、データを細かい「小包」(パケット)に分割して送る仕組みのこと。米空軍のシンクタンク、RAND研究所のポール・バラン(一九六四年)と、イギリス国立物理学研究所のドナルド・デービス(一九六四年)が、ほぼ同時期にこの仕組みを提唱したことで知られています(後者が「パケット」という言葉を用いたとされています)。一般に、インターネットは核戦争でも耐えられる分散通信システムとして構想されたといわれますが、その構想に近かったのは前者の研究でした。ただし、その研究は、その後アメリカ国防総省の下部組織が一九六九年に開発した「ARPANET」に直接影響を与えたわけではないともいわれており、議論が分かれています。

〔4〕「IRC」(Internet Relay Chat)とは、一九八八年に開発された、インターネット上でテキストをリアルタイムでやり取りするための技術。歴史が古く、現在でも現役で利用される、チャットシステムの代表的存在。

〔5〕西村博之「『面白くないものが面白くなる』ひろゆき氏が語る『ニコニコ動画』の価値(1/2)」『ITmedia News』二〇〇七年、〈http://www.itmedia.co.jp/news/articles/0701/30/news035.html〉。

〔6〕北田暁大『嗤う日本の「ナショナリズム」』NHKブックス、二〇〇五年。

〔7〕「猫鍋」とは、猫が土鍋のなかにぴったりと収まってしまった様子が撮影された動画のことで、そのかわいらしさゆえに、ニコニコ動画やユーチューブ上で突発的にブームとなり、テレビでも取り上げられました。また、「吉幾三マッシュアップ」とは、吉幾三の「俺《お》ら東京さ行ぐだ」（一九八四年）が他の楽曲と混ぜられたマッシュアップ作品が突如として話題になり、その「脅威のシンクロ率（スンクロ率）の高さ」ゆえに、数々の関連楽曲がニコニコ動画にアップされ、大きな注目を集めました。

第七章
コンテンツの生態系と
「操作ログ的リアリズム」

初音ミク／「恋空」

ボーカロイド・初音ミク現象

本章では、これまでの章とは少し趣向を変えて、ソーシャルウェアの「アーキテクチャ」ではなく、そのソーシャルウェア上に生み出される「コンテンツ」について、考察を加えてみたいと思います。

その題材として、以下では、ニコニコ動画を中心に大きな話題を集めた「初音ミク」と、ケータイ小説作品の『恋空』を扱っていきます。

二〇〇七年、「初音ミク」と呼ばれる仮想の「歌手」が登場しました。初音ミクとは、あたかも人が歌っているかのような楽曲用の歌声を、ユーザーが自由に制作することができるソフトウェアにつけられた名前です。そのソフトウェアのパッケージには「歌の好きな一六歳」という設定のキャラクターのイラストが掲載されていました。それが仮想のシンガー、初音ミクだったのです。

初音ミクは、ニコニコ動画とともに、日本のCGMシーンを牽引し、または代表するものとして、大きな話題を集めました。発売直後から、次々と初音ミクを用いた作品がニコニコ動画上にアップロードされ、その作品群は大きな注目を集めましたが、その後初音ミクブームは、当該ソフトウェアを用いてつくられた「楽曲」だけではなく、さまざまなジャンルの派生作品・二次創作を生み出しました。たとえば、初音ミクを描いたイラスト、アニメーション、３Ｄムービーが大量に制作されただけではなく、さらには初音ミクを3Dモデル化し、そのキャラクターに振りつけを施すことができるフリーウェア「MikuMikuDance《ミクミクダンス》」の登場に至るまで、初音ミクは、まさに多様なＵＧＣを胚胎するプラットフォームとしての役割をはたしたのです。

とはいうものの、日本のサブカルチャーにおいては、ある一つの作品やキャラクターを「元ネタ」として、ユーザー（消費者）側が派生作品を制作する、いわゆる「同人創作」や「二次創作」と呼ばれる文化が根づいていたことは、つとに知られていたとおりです。ここでは、なぜ二〇〇七年という時期に、とりわけニコニコ動画を中心に、初音ミクをめぐる同人創作的な文化が花開くことになったのかについて、考察してみたいと思います。

というのも、なぜ筆者がその問いに関心を持つのかといえば、初音ミクのような「歌声を制作する」製品は、それ以前にもいくつか存在していたという事実があるからです。そもそも初音ミクの「エンジン」部分に当たる、ヤマハ社が開発した音声合成技術「ボーカロイド」は、二〇〇三年にバージョン1が完成していました。さらにそのエンジンを用いた製品は、初音ミクの開発元であるクリプトン・フューチャー・メディア社から、

「MEIKO」や「KAITO」といった名前で、すでに二〇〇四年の時点で発売されていました。初音ミクは、その後技術改良が加えられた「ボーカロイド2」のバージョン2として開発されています。つまり初音ミクの登場以前にも、初音ミク的な歌声生成ソフトウェアは存在していたわけです。

それでは、なぜ初音ミク以前に存在していたMEIKOやKAITOといった仮想シンガーは、初音ミクに比べると話題には――それでもMEIKOは、DTM関連ソフトウェアとしては異例のセールスを記録したそうなのですが――ならなかったのでしょうか。ニコニコ動画が登場する以前から、ユーチューブは広く日本のユーザーの間にも知られていました。だとすれば、ユーチューブでMEIKOの作品がブームを呼んでいたとしても不思議ではなかったのですが、現実にはそうはならなかった。もちろん、初音ミクの登場以前から、ユーチューブやニコニコ動画にはMEIKOやKAITOの作品はアップされていたのですが、少なくともそれは「生態系」を思わせるような巨大で活発なCGMシーンを形成することはありませんでした。これはなぜなのでしょうか。

萌えキャラとしての初音ミク

この問いを考えるにあたって、音楽学者の増田聡氏の考察を参考にしてみたいと思います[1]。それはひとことでいえば、初音ミクが受け入れられたのは、「彼女」がとりわけ魅力的な「萌え要素」を備えたキャラクターだったからではないか、というものです。要するに、初音ミクに人々は「萌えた」ということ。そしてMEIKOやKAITOには、イラストこそついていたものの、「萌え要素」は比較的薄く、だからそれは強いブームは生まなかったのではないかということ。この指摘は、普段からニコニコ動画にどっぷりと浸かり、初音ミク作品を大量に視聴してきたユーザーにとってみれば、「何をいまさら当たり前のことを」と思われるかもしれませんが、これはそれほど自明な話ではないのです。以下に紹介しておきたいと思います。

まず増田氏が着目するのは、初音ミクの発売元とユーザー側の間に、次のような着眼のズレが生じているという点です。初音ミクの開発元は、当初この製品を、「DJ文化的な作曲実践の支援（創作労力の節減により、ユーザーのコントロールできる音素材を拡大する目的）のため」という位置づけで世に送り出していました。つまり、初音ミクの「キャラクター」としての側面は、あくまでボーカロイドという製品の「付随的側面」として位置づけられていたのです。しかし、その後初音ミクは、単に楽曲を制作するためだけではなく、イラストをはじめとする「キャラクターのパブリシティ（引用者注：有名性を伴った顧客吸引力）を消費するための二次創作環境の用途に流用され」ていきました。つまり、提供元からすれば「おまけ要素」にすぎなかったものが、むしろユーザーの二次消費の中心的要素として受け入れられたということです。

増田氏は、初音ミクの「キャラクター性」こそがユーザーに強く消費されたことの傍証として、ニコニコ動画上で初音ミク作品をアップロードするユーザーたちの多くが、「『〜P』（プロデューサーの略）という名を名乗り、自らが音楽を制作した事実を強調するよりも、〈初音ミク〉という虚構キャラクターを『プロデュースする』という擬制を採用」しているという事実に注意を促しています。そこには、「『自分の作品』としてソフトウェア『初音ミク』の音声素材を用いるよりも、キャラクター〈初音ミク〉を仮構しつつ『歌わせてみたい』欲望こそが、初音ミクブームの原動力となっている」という事実を見て取ることができると増田氏は論じています。また筆者なりに事例をつけ加えるならば、とりわけ初音ミクブームの初期の頃、ユーザーのコメントやタグのなかには、まるで人間が歌っているかのように聞こえる初音ミクの歌声を、「二次元の勝利」「もう人間は要らない」「神調教」といった言葉とともに強く肯定するものが数多く見られました。

さらに増田氏は、海外のボーカロイド製品には、仮想のキャラクターをパッケージにプリントするといったことが行なわれていないこと[2]を指摘しつつ、東浩紀氏や伊藤剛氏の論じる日本の「オタク文化」に特有の欲望や受容形態にマッチしたことが、初音ミクブームを牽引したのではないかと示唆しています。ここにも、本書が見てきた日本文化の特殊性の問題が現われていることは注目に値するといえるでしょう。

以上の増田氏の考察は説得的ですが、それでもなお疑問が残るのは、なぜ初音ミク現象が、ニコニコ動画という場所を中心に起きたのか、ということです。もちろん、初音ミクの発売された二〇〇七年八月末の時点では、すでにニコニコ動画の会員数は開始数カ月足らずで二〇〇万を突破しており、その勢いと熱気については、一部のネットユーザーの間ではよく知られていました。ですから、ニコニコ動画という場所で初音ミクブームが起きたのは、当時の状況から見ればごく自然なことのようにも思われます。

しかし、ここで筆者は次のように仮定してみたいのです。もしニコニコ動画が存在せず、初音ミクだけが登場していたとしたら、はたしてユーチューブ上で初音ミクブームは起きていたのでしょうか。「歴史にｉｆはない」とはいえ、筆者には、その可能性は低かったように思われるのです。

初音ミク現象とオープンソースの共通点
――コラボレーションとコモンズ

筆者がそのように考えるのはなぜか。この問題を考えるにあたって、まず先に、初音ミク現象が、しばしば「オープンソース」〔3〕や「ウィキペディア」〔4〕と類似しているといわれている点に着目してみたいと思います。

これは初音ミクに限ったことではありませんが、とりわけニコニコ動画上では、①不特定多数のユーザーがコンテンツの協働制作プロセスに関与することで、②しだいにコンテンツ（生産物）の質が改善されていき、③その結果、制作されたコンテンツはユーザーの間で共有され、他のコンテンツの素材（二次創作の対象）にもなっていく、というサイクルを見て取ることができます。それがなぜオープンソースやウィキペディアと類似しているのかといえば、

・一点目はコラボレーションの「組織形態」。すなわち既存のハイアラーキー型組織とは異なる、ネットワーク型の組織形態でコラボレーションが行なわれているということ。

・二点目はコラボレーションによって「生産される財の性質」。すなわち既存の工業製品（＝ハードウェア）とは異なり、「常に製品の質をネットワーク経由で改善できる」というソフトウェアの性質。

・三点目は、そのコラボレーションの結果生み出された「財の所有形態」。すなわち参加者の間でその財が「コモンズ」として共有されていくということ。

という点で共通しているからです。[5]

ニコニコ動画上の初音ミク現象が、オープンソースやウィキペディアに似ているということ。この指摘が重要なのは、上に見たようなオープンソース的現象が、ユーチューブなどの動画共有サービス上ではあまり見かけることができないからです。もちろん、ユーチューブにも、一つの「元ネタ」（素材）を使って、不特定多数のユーザーがその協働制作を行なうという事例がないわけではありません。ユーチューブで当初注目を集めた事例として、「スーパーボールが坂から大量に転がる」というCMや、「コーラにメントスを入れて振ると大量の泡が勢いよく噴き出す」というコント風作品が元ネタとなり、一般ユーザーが次々とそれを模した動画を作成してアップロードするという現象が見られました。[6]しかしそこでの協働制作プロセスは、「元ネタ→大量の模倣作品」というように、一次ホップ（一つの元ネタに、大量の派生作品がぶら下がっている状態）の派生に留まっていました。これに対し、初音ミク現象では、「元ネタ→派生作品（元ネタ）→派生作品→……」というように、ある派生作品が、また別の派生作品にとっての元ネタとなっていくという、N次ホップの連鎖を生んでいることに特徴があります。つまり初音ミク現象は、「二次創作」というよりは「N次創作[7]」とでもいうべきものだということです。

しばしばユーチューブは、消費者がコンテンツを自ら制作する「CGM」の代表例として扱われます。しかし、それはほとんど「動画の公開場所」としての役割に留まっています。そこでは、初音ミク現象やウィキペディアのように、一般消費者同士が動画制作の「コラボレーション」を行ない、互いの作品を「コモンズ」のように共有し、次的に派生部品を生み出していくという現象は、ほとんど見られないのです。

それでは、なぜニコニコ動画上では、こうした協働の連鎖と共有化のプロセスが進んだのでしょうか。

まずまっさきに思い浮かぶ解答は、ユーチューブは米国のサービスであり、米国では日本ほどには同人文化が盛んではないから、というものです。しかし、これはまちがいではありませんが、ここで問われている問題に対する答えとしては不十分です。繰り返しになりますが、なぜならユーチューブには、そもそもニコニコ動画が普及する以前から、日本からも数百万人単位といわれるユーザーがアクセスしていたからです。であるならば、ユーチューブを舞台に、同人創作文化が花開いていてもよかったはずです。しかし、何度もいうように、現実にはそうはならなかったのです。

初音ミク現象とオープンソースの差異
――〈客観的〉な評価基準が存在するか？

ここで筆者が着目したいのは、ニコニコ動画上の初音ミク現象とオープンソース（あるいはウィキペディア）の共通点ではなく、ある一つの差異についてです。それは、先ほどの整理に従えば二点目の項目、すなわちネットワーク上の協働によって生み出される「情報財」の特性に関係しています。

それはどういうことでしょうか。オープンソースの第一人者エリック・スティーブン・レイモンドは、『伽藍とバザール』（一九九九年）のなかで、オープンソース的開発手法が特に優れているのは、プログラムの精度検証《バグチェック》のリソースを広く効率的に確保できる点にあると論じました。レイモンドは、「ユーザーを共同開発者として扱うのは、コードの高速改良と効率よいデバッグのいちばん楽ちんな方法」であると述べています。

これは裏を返していえば、オープンソースというコラボレーション形態が有効に機能するのは、その生産物である「コンピュータ・プログラム」が〈客観的〉に評価可能な指標――要は「速く正確に動くものほどよい」という明快な評価基準――を有しているからだと考えられます。もし仮に、そのコンテンツの評価基準が曖昧なものだったとしたら、不特定多数のユーザーがその品質のチェックに参加しようとしても、そもそも何をもって「良い品質」なのかをめぐって意見の対立が生まれてしまい、コラボレーションどころではなくなってしまうからです。

また、ウィキペディアについても同様のことが当てはまります。ウィキペディア上で生産されているのは、その内容の〈客観性〉が最も重要とされる、「百科事典」というコンテンツです。ウィキペディアは、この情報の客観性（信頼性）について、「記述が最終的に『信頼できる情報源』にリンクできるかどうか」という、「形式的」なルールによって判断しています。

これに対し、ニコニコ動画上で日々アップロードされる音楽・映像といった「コンテンツ」（作品）の場合はどうでしょうか。音楽や映像というのは、ごく一般的には、「趣味的」な情報財カテゴリだとされています。つまりそこには、コンピュータ・プログラムや百科事典といった「道具的」な生産物とは異なり、コンテンツを〈客観的〉に評価しうる外的基準は存在しておらず、最終的には「人それぞれ」の〈主観的〉な評価に頼らざるをえないということです。

もちろん、「いやいや、『美』には〈客観的〉な基準がある」「機能的なものこそ〈客観的〉な美を保障するのだ」といった考えは、歴史的に見てもさまざまな形で主張されてきましたが、少なくともここでは、「全人類の歴史に共通するような、客観的で普遍的な美の基準というのは存在してこなかった」という、ごく常識的な見解に従っておくことにしたいと思います。あるいは、その評価基準をなるべく〈客観的〉なものにするために、これまでは〈権威的〉な諸制度が機能してきたわけですが、少なくともウェブ上のコラボレーションに関していえば、そうした方法論を採用することは難しかったといえます。

だとすれば、その質を〈客観的〉に検証・評価することが難しい「コンテンツ」については、オープンソース的な協働開発形態がそれほど有効には働かない、という仮説が成り立つはずです。

「擬似同期型」は〈客観的〉な評価基準をもたらす

さて、すると次のような疑問が生じます。なぜニコニコ動画では、〈主観的〉にしかその質を判断しえないような「コンテンツ」について、仮にもオープンソースに比肩されるような活発なコラボレーションが生じたのか、と。

この問いに対する解答は、そもそもの前提――プログラムや百科事典は客観的評価、コンテンツは主観的評価――をひっくり返すことで得られます。それはこういうことです。ニコニコ動画上において、もはや人々は、個々人ごとにばらばらな〈主観的〉な評価基準によってコンテンツを評価しておらず、ほとんど〈客観的〉と呼べるほど明確な評価基準を共有しているのではないか。

ニコニコ動画の提供する評価情報がとりわけ〈客観性〉を強めるのは、それが前章で論じた「擬似同期型」アーキテクチャによるものだと考えられます。ニコニコ動画では、動画コンテンツの上に、そのままコメントが被さるインターフェイスを採用しています。たとえば、とりわけ面白い・すばらしいとユーザーが感じたシーンでは、「www」（笑うの意）、「SUGEEE」（すげえの意）、「神！」、「g.j」（グッドジョブの意）といったコメントが大量につけられます。つまり、コンテンツのどの部分が人々に受けているのか・評価されているのかといった情報は、ただ動画を再生し、そこに流れるコメントを見ているだけで、一目瞭然で明らかになるということです。

自分以外の他のユーザーが、そのコンテンツをどのように評価しているのか。こうした情報は、従来であれば「クチコミサイト」「レビューサイト」「ソーシャルブックマーク」といったソーシャルウェアを通じて、あるいはブログや2ちゃんねるなどに書き込まれた内容を探し出すことで取得することができました。またインターネットの登場以前は、主に雑誌や新聞がレビュー情報を提供する役割を担っていたわけです。しかし、それらはいずれも「非同期型」のメディアであり、ましてや対象とするコンテンツの消費中に、リアルタイムで（＝同期的に）得られるものではありませんでした。せいぜい、コンサートやライブや試合などの場で沸きあがる観客の「歓声」くらいしか、同期的に評価情報を提供する「媒体」は存在しなかったのです。

これに対し、ニコニコ動画では、まるでイベント会場の歓声を聞くかのように、他の人々の評価情報を体感的に取得できます。しかもニコニコ動画の媒体は「声」ではなく「文字」なので、他の人々がどの点を評価しているのかについてもはっきりと「見分ける」ことができる。そしておそらく、ニコニコ動画が人々を魅きつけている特性の一つは、自分が「すばらしい」と感じる作品があったとき、「その『すばらしさ』が誰にも理解されない」という孤独状態に陥ることなく、他の人々もそれを「すばらしい」と絶賛し喝采している「共感状態」に、リアルタイムで没入することができるという点にあるでしょう。こうした説明は、「キモイ」「ウザイ」と感じる人も多いでしょうし、そんなものは真の意味での「コンテンツの評価」とはいえないと思われる方も多いことでしょう。しかし、あくまで筆者がここで指摘したいのは、ニコニコ動画特有のインターフェイスこそが、本来であれば〈主観的〉なものになりがちなコンテンツの評価基準を、〈客観的〉と呼べるレベルに引き上げる効果を発揮していたのではないか、ということです。

このほかにも、コンテンツの〈客観的〉な評価基準がニコニコ動画上に成立していたことを示唆する例として、初音ミクを用いて当初よく制作されていた、いわゆる「物まね」系のコンテンツを挙げることができます。ネット上では、初音ミクに限らず、しばしば物まねコンテンツが大きな注目を集めてきたといえるのですが（その最たる例が、数年前に話題になったkobaryu氏の「VIP★STAR[8]」です）、なぜ物まねはとりわけネット上で受けやすいのでしょうか。それは物まねには、「客観的」なコンテンツの評価基準——どれだけ本物にそっくりかどうかということ——があるからです。だからこそ、物まねというジャンルは、とりわけネット上で人々の関心と注目を集めやすいと考えられます。

さらにもう一つ、ニコニコ動画上のコメントやタグでよく使われる、「国歌」という表現を挙げてみてもよいでしょう。正確にはいつごろからこの形容表現が使われたのか、筆者は詳しくは知りませんが、ニコニコ動画では、たとえば「鳥の詩」[9]のように、とりわけ（ニコニコ動画系のユーザーにとって）人気の高い楽曲が流れると、「国歌キター」「これ国歌にしようぜ」といったコメントがしばしば投稿されます。いうまでもなくこの「国歌」という比喩的表現には、「誰もが知っていて当然である」という〈客観性〉のニュアンスが込められています。たとえば「組曲『ニコニコ動画』」（通称「組曲」）という楽曲は、まさにこうしたニコニコ動画上で「国歌」といえるような人気・知名度の高い楽曲をまとめたメドレー曲になっており、その後この楽曲を元ネタとして、歌い手・替え歌・ムービーまで、さまざまな派生作品がつくられていきました。

ニコニコ動画上に成立する「限定客観性」

このように、ニコニコ動画上でコラボレーションが生じやすかった要因は、コンテンツの評価基準が、ニコニコ動画特有のインターフェイスによって、〈客観的〉と呼べるほど明確に共有されているからではないかと考えられます。

ただし、その〈客観性〉の共有されている範囲は、あくまでニコニコ動画の「内側」に限定されているという点もまた重要です。ニコニコ動画は、その内側にどっぷりと属しているユーザーから見れば、「神」と呼ばれるような歌い手／調教師／職人たちによって、日々すばらしいコンテンツが創作されるすばらしいコミュニティに見えます。しかし、その外側に属しているユーザーから見れば、しばしばニコニコ動画は、「どれも似たり寄ったりで何が面白いのか分らない」と揶揄的にみなされてしまうことにもなります。

その評価は、それこそ人それぞれの〈主観的〉な問題としかいいようがありませんが、ここで重要なのは、この二つの見解はいずれも「正しい」ということです。なぜなら、ニコニコ動画上で共有されているコンテンツの評価基準は、そのコミュニティにおいてのみ強く共有されているという意味において、――米国の科学者ハーバート・A・サイモンの「限定合理性」（Bounded Rationality）という言葉をもじって――「限定客観性」（Bounded Objectivity）とでも呼ぶべき性質を有しているからです。[10]

コミュニティの内部では普遍的で客観的であるかのように成立している基準が、外側からは理解不可能であるということ。もちろんこうした「限定客観性」の問題は、取り立ててニコニコ動画に限った問題ではありません。いまや何かを愛好するファンたちの集うコミュニティというものは、常にそのような問題に晒されています。価値観の多様化した現代社会においては、何かを愛好するということは、2ちゃんねる風にいえば、即座に「信者」や「○○厨」とレッテルを貼られてしまうほかなく、さらにそれを批判してくる「アンチ」との終わりなき闘争を余儀なくされます。さらにいえば、それは情報社会に特有の問題でもありません。人間社会は、言語や民族や国家や宗教といった人工的な境界線を設けることで、常に「限定客観性」の——それが誰にも自明な形で「ある」とたしかに想像することのできる——有効範囲を画定してきたということができるからです。

しかしその一方で、情報社会とは、こうした「限定客観性」の有効範囲を、ほかならぬアーキテクチャによって画定する社会のこと、とさしあたり定義することができるのではないかと筆者は考えています。昨今の日本の情報環境において、その画定に最も成功しているのが、ニコニコ動画だったと考えることができるでしょう。そしてだからこそ、初音ミク現象はニコニコ動画上で大きく花開いたと考えることができるのです。

『恋空』の「限定されたリアル」

次に、二〇〇七年に話題を集めたケータイ小説作品、『恋空』を取り上げてみたいと思います。なぜならこの作品をめぐって行なわれた一連の議論には、まさに情報社会のコンテンツをめぐる「限定客観性」の問題が、とりわけ顕著に現われていたということができるからです。

この作品は、書籍版の売り上げが二〇〇万部を超え、その映画版も大ヒットしたために、そのブームの要因ははたしてなんだったのか、多くの人々が関心を寄せてきました。二〇〇八年前半には、「ケータイ小説がなぜ売れたのか」に関する書籍の出版も相次ぎましたが、そこで多くの人々が口々に指摘していたのは、『恋空』の作品の質が、従来の小説・文学作品に比べてあまりにも低いということでした。

それはどのようなものだったのでしょうか。ここでは、2ちゃんねる系のサイトでよく用いられていたテンプレをあえて引用しておきましょう。

イケメンと付き合うヒロイン
↓イケメンにふられた元彼女が逆恨み

↓男たちにレイプ指示
↓レイプされる（レイプ犯の子は妊娠してない）
↓イケメンと図書室でのSEX
↓イケメンの子供を妊娠するが、元彼女に突き飛ばされ流産する
↓いきなりふられる
↓すぐに新しい彼が出来る
↓イケメンがガンになってることを知る
↓彼氏を捨てて、元さや
↓ガン闘病中で瀕死のはずのイケメンと野外SEX
↓イケメン死ぬ
↓抗がん剤で精子全滅だったはずのイケメンの子を妊娠発覚
↓将来とか考えてないけど産むわ

このあらすじは、『恋空』を読まれていない方から見ればあまりにも支離滅裂なストーリー展開に見えるかもしれません。しかし、たしかに作中のめぼしい「事件《シーン》」だけを取り出せば、それは上のようなものになっています。さらにいえば、レイプ・妊娠・駆け落ち・中絶・自殺未遂・難病といった事件が次々と連続するその展開は、多くのケー

タイ小説作品に共通するパターンでもありました。人々は、こうした「短絡的」で「ワンパターン」なケータイ小説のストーリー展開を嘲笑したのです。

こうした嘲笑的な言説の多くは、2ちゃんねる系ニュースサイトやアマゾン読者レビュー欄などの場所を中心に、「炎上」や「コメントスクラム」に近いかたちで散見することができました。この作品に向けられた嘲笑は、単にその「内容」のクオリティに向けられたというよりも、それほどまでに短絡的でワンパターンなストーリーであるにもかかわらず、「感動した」「泣いた」という絶賛レビューを書き連ねる、『恋空』のファン読者層に向けられたものでした。

もしこの作品の流通範囲が、ケータイ小説サイトの「魔法のｉらんど」の内側に留まっていれば、そもそもその存在が外側に知られることもなかったでしょうし、おそらく上のような嘲笑を向けられる機会はずっと少なかったでしょう。しかし、アマゾンや映画レビューサイトといったウェブ上の「公共の場」に、同作品を愛好する人々の「ナマ」のコメントが大量に出現してしまったために、それは日々何かをバカにし続けたいという「悪口で繋がる」という欲望を抱える人々にとっての、格好の獲物《ネタ》として発見されてしまったのです。[11]

これに対し、ケータイ小説を嘲笑するのではなく、中立的な立場を取る人々も見られました。ひとことでいえば、『恋空』をはじめとするケータイ小説は、どれだけそのクオリティが低く見えたとしても、そこには、ある特定のタイプの人々だけがわかり合える「リアル」が描かれているのだろう、というものです。たとえばＩＴジャーナリストの佐々木俊尚氏は、この「リアル」というキーワードについて、次のように説明しています。

そもそも「援助交際」や「レイプ」「妊娠」の話をなぜティーンエージャーの女の子たちは読みたがるのか。その答はひとつしかない——彼女たちは、これらのキーワードに「リアル」を感じているからだ。(中略)ここで私が使った「リアル」というのは、実際に起きたかどうかではなく、その圏域に属している人たちが「本当にありそうだ」と感じられるかどうかという意味である。その意味で、ケータイ小説の読者という圏域に属している人たちは、ケータイ小説の要素群に対して「リアル」を感じている。
(佐々木俊尚「ソーシャルメディアとしてのケータイ小説」『CNET Japan』二〇〇七年)

ケータイ小説には、ある限定された範囲においてのみ通用する「リアル」が描かれている。これは裏を返せば、本来であれば「小説」が描くことができると考えられていたはずの「普遍的なリアル」が、ケータイ小説にはぽっかりと抜け落ちてしまっている、ということでもあるのですが、この点については後述します。さしあたりここで注意を促しておきたいのは、それではケータイ小説の「リアル」を担保しているのは何か、という点です。

たとえば『恋空』という作品は、「美嘉」という名前の主人公の「回想日記」という体裁を取っている（ように読める）のですが、その作者名もまた「美嘉」とクレジットされています。これは、いわゆる「(私) 小説」に慣れてきた従来の読者にとって、いささか面食らわせるものではあります。「私小説」とは、「もしかしたらこの小説の中の『私』や『僕』や『俺』というのは著者がモデルになっているのかもしれない」という想定の元で読まれるフィクションということであって、基本的には、作者と作中の視点人物は別の存在として切り離されている、という前提があります。しかし、作者名がそのまま作中で語りはじめる『恋空』は、この作者のプライベートな回想ノートを読まされているかのような印象を与えるのです。

こうした点について、『ケータイ小説的。』（二〇〇八年）の著者・速水健朗氏は、自身のブログ上で、「大人の目にはかけらもリアルではないケータイ小説が、『リアル』として受け入れられているのは、なんのことはない、文字通り〝本当の話〟であると謳うか謳わないのかの問題なのだ」と指摘していました[12]。要するに、ケータイ小説の「リアル」なるものは、「これは実話を元にしたフィクションです」という前置きによって担保されているのだということです。

また、『恋空』に嘲笑を向けた言説のなかには、『恋空』という作品が「本当に実話なのかどうか」を疑問視し、その矛盾を指摘するものすらありました。一般に、「小説」の内容に対して「これは実話であるはずがない」と批判することはありえないことですから、その点からみても、ケータイ小説はもはや「小説」ではないというべきなのでしょう。

しかし、だとすればそれはなんなのか。先に挙げた佐々木俊尚氏は、先に引用した記事のなかで次のように指摘しています。「ケータイ小説」は、もはや「小説」という完結した物語メディアとして受容されているのではなく、むしろブログやウェブ日記といった「ソーシャルメディア」（本書の言葉を使えば「ソーシャルウェア」）として――ユーザー間の「双方向的」なコミュニケーションの過程のなかで生み出されるUGCとして――書かれ、読まれているのではないか。そしてケータイ小説は、ある限定された集団に属する人々が集まって、「集合知」のように「リアル」を紡ぎだす場所として、捉えることができるのではないか、と。

こうした佐々木氏の指摘を踏まえるならば、ケータイ小説に描かれていると思しきリアルなるものは、先ほど筆者がニコニコ動画上のコラボレーション現象について論じた

「限定客観性」と同じ性質を有していると考えられます。ケータイ小説のユーザー（著者&読者）たちは、ほとんど〈客観的〉と呼べるほどに明らかなコンテンツの評価基準を共有していた。だからある一時期のケータイ小説作品は、よくいわれるように、どれをひもといても、『恋空』のようなワンパターンな物語展開を見せていた。しかしその評価基準は、ケータイ小説ユーザーの外部にはまったく共有されておらず、それゆえその作品は「炎上」のごとく叩かれてしまった。——以上が『恋空』ひいては「ケータイ小説」をめぐる状況の整理になります。

ゲーム的リアリズム

以上の考察を深めるために、東浩紀氏の『ゲーム的リアリズムの誕生』（二〇〇七年）を参照しておきたいと思います。というのも、この著作は、ノベルゲームやライトノベルといった、オタク系の消費者にとりわけ訴求している「物語コンテンツ」を分析の対象としており、「ケータイ小説」こそ扱われてはいませんが、上に見たような「限定されたリアル」（を宿す物語コンテンツ）に関する考察が、きわめてクリアに展開されているからです。

まず同書は、その前作にあたる『動物化するポストモダン』（二〇〇一年）で示されていた、次のような状況診断から論を始めています。「ポストモダン」とも呼ばれる現代社会において、もはや人々は、共通の「価値観」や「目標」を信じることはできなくなっている（「大きな物語」の崩壊）。そのため、もはや小説や映画やアニメやゲームといった個々の「物語コンテンツ」は、社会全体で共有可能な「リアル」を表現する〈器〉としての役割をはたしておらず、ただ消費者の感情や感覚――それはオタク系の「萌え」であろうと、ケータイ小説系の「感動」（涙腺）でもいいのですが――を的確に刺激する「小さな物語」として、個別にばらばらに消費されている。東氏はこうした事態を、「動物化」と呼んでいます。

以上の状況認識を受けて、東氏は『ゲーム的リアリズムの誕生』のなかで、さらにいくつかの考察をつけ加えています。まず一つに、東氏は本書でも触れてきた北田暁大氏の「繋がりの社会性」という概念を参照しながら、もはやあらゆる作品やコンテンツは、書籍などの「コンテナー」にパッケージングされていた「内容」それ自体が消費されるというよりも、人々の「コミュニケーション」（繋がり）を効率的に喚起するかどうか、という点において消費されていると指摘します。もちろん、それは「ライトノベル」や「ケータイ小説」に限りません。たとえば「ニコニコ動画」は、まさに「繋がり」の効率的な喚起を行なうアーキテクチャとして出現したことを、私たちはすでに確認してきました。

そしてもう一点、東氏が指摘しているのは、言葉の「透明」さが失われたということです。東氏はこの問題を、「私小説」という近代小説のフォーマットと絡めて、次のように説明しています。かつて「私小説」に描かれているのは、作者のことなのかもしれないが、基本的には誰ともわからない「私」についての物語だった。そして「私小説」を読むという行為を支えていたのは、その物語で描かれている「世界」と「私」(内面)の関係が、ありのままの形で「写生的」に――「自然主義的リアリズム」(大塚英志)に則って――描かれている、という前提だった。これを東氏は、小説における「絵具」であるところの言葉というメディアが、「言文一致体」の登場によって、不純物を含まない「透明」(柄谷行人)なものとして受容されていたと表現します。だからこそ、そこで書かれている内容は、誰にとっても共感しうるような「普遍的なリアル」を宿すと考えられていたのです。

しかし、ポストモダンの時代においては、そうした言葉の「透明性」は失われてしまっており、ライトノベルやノベルゲームといった作品群は、むしろ虚構を通じてしか描けないような現実を描いているという意味で、いわば「半透明」な言葉なのだと東氏は比喩しています。そのうえで、はたしてポストモダンにおける「物語」や「文学」――つまり、何かを「リアル」であると伝達するメディアと、その方法論としての「リアリズム」――はどのように変化しているのか。これが同書の東氏の分析の主題になっています。

そこで東氏が提示しているのが、「ゲーム的リアリズム」というものです。これはひとことでいえば、「ゲームをプレイする」というとき、そこで多くのゲームプレイヤーが経験することの「構造」――たとえば、一度クリアしたゲームを何周も繰り返しプレイするといったようなもの――が、物語の内側にあらかじめ〈織り込まれている〉というものなのですが、その詳細は同書を直接ひもといて頂くとして、ここでは、本題であるケータイ小説に話を戻すことにしましょう。

ポストモダン社会においては、オタク系コンテンツであろうと、ケータイ小説であろうと、言葉の「透明性」が失われてしまうという条件を等しく抱えている。それは日常的な世界を、日常的な言葉で「写生」したとしても――まさに「ケータイ小説」はそのような口語的な文章で書かれていますが、むしろそれゆえにこそ――、そこに誰もが「リアル」を感じ取ることはできなくなっているということを意味しています。同じことは、ケータイ小説だけではなく、独特の言葉遣いを用いる2ちゃんねるやニコニコ動画にも等しく当てはまるでしょう。

もはや言葉の「透明性」は失われている以上、言葉をただ用いるだけでは、なんらかの「リアル」を伝達することはできない。それゆえ「ケータイ小説」は、端的に「実話をもとにしたフィクション」――東氏の「半透明」という表現を借りるならば、それは

「半実話」——として書かれ、読まれている。このように、以上の議論を整理することができるでしょう。

ケータイに駆動される物語

さて、以上の考察を通じて、「ケータイ小説」を通じて感受されている「リアル」なるものが、ある一部の読者層に「限定」されており、「実話を元にしたフィクション＝半実話」というジャンル設定によって担保されているということを確認してきました。

しかしこれだけでは、まだケータイ小説に宿っている「限定されたリアル」の内実が、はたしてどのようなものなのかについて理解したことにはなりません。まだ私たちは、その存在をただ〈外側〉から眺めて分析し、それを適切に位置づけたにすぎないのです。

そこで筆者は、さらに『恋空』という作品の〈内側〉に潜り込み、その内容分析を行なっていきたいと思います。ただし、「内容」といっても、筆者は「ストーリー」の水準ではなく、物語のなかに登場する「メディア」の水準に着目していきます。

なぜなら、この作品を一読すれば誰もが気づくことではありますが、『恋空』では、登場人物たちの行動や心理の変化をもたらすのに、「ケータイ（ＰＨＳ）」があまりにも重要で決定的な役割をはたしているからです。『恋空』の登場人物たちは、ケータイを通じて恋人と出会い、別れ、傷つき、親友と決裂し、新しい親友をつくり、大事な人の死を受け入れていく。以下で詳細に論じますが、その内容を分析することは、「ケータイ」というアーキテクチャにおける、特有のリテラシーや行動を浮き彫りにすることにも繋がっていきます。

それでは、早速分析をはじめましょう。まず手始めに、『恋空』がいわゆる「近代小説」や「文学」と決定的に異なっている点を、次のようなシーンに見出すことができます。

そのシーンは、『恋空』の著者＝主人公である美嘉が、恋人のヒロと別れた後に、クラスメイトの一人から、次のような罵倒を受けたことで始まります。[13]

「何よその態度。私知ってるんだからね。美嘉が弘樹の子ども中絶したの知ってるんだから！」

教室中に響き渡るミヤビの声。

その声にクラス中が静まり返る。

「え…なんでそれ…」

ミヤビは顔をさらに真っ赤にして怒りで震えながら叫び続ける。

「弘樹から聞いたんだから。中絶なんて最低だよ！　私なら絶対産むよ！　人殺しのくせに！」

「え…ちょっと待っ…」

「さっき聞いてたんだから。新しい彼氏ともヤリまくってんでしょ？　男好きだね！」

イズミ達の顔を見ることが出来ない。周りの視線が痛い。


この非難を受けて、美嘉はショックで学校を飛び出し、「中絶」という過去の行為に対し、ひとり自問自答を繰り返します。

中絶は人殺しなの？？
それをすることによって
必ずたくさんの傷みを背負う。
理由も無しにしてしまう人も中にはいると思う。
でもね、産みたくても流産しちゃった人…
親に反対されてしまった人。
彼氏に反対された人…

レイプをされて妊娠してしまった人。
いろんな事情があるの。
みんなそれぞれ苦しんでいるんだ。
自分の赤ちゃんが嫌いで殺す人なんていない。

上の中絶について美嘉が悩むシーンは、『恋空』という作品のなかでも、とりわけ「人間的」で「内面的」といえる箇所になっています。ごく素朴ない い方をすれば、自己の犯した罪について、「内面的」に向かいあい、反省し、苦悩するというこの一連のシーンは、いわゆる典型的な「近代小説」や「文学」のあり方に近いといえるからです。しかし、その煩悶はあえなく打ち切られます。ほかならぬケータイの存在によって。

♪ピロリンピロリン♪
考え込んでいた美嘉に届いた一通のメール。
唯一あの中で妊娠を知っていたアヤからだ。
《駅前のカラオケ集合》
駅前のカラオケ…?.?
頭の中を整理し、メールで届いた通り駅前のカラオケへと走った。

「カラオケ集合」というメール一つで、あっさりと中絶に対する悩みを打ち切り、カラオケへと走ってしまう主人公。まさに上のシーンは、「♪ピロリンピロリン♪」と鳴り響くケータイの存在によって、「内面的」に苦悩するという近代小説モードが強制終了させられてしまう、決定的な瞬間になっています。

そしてこのシーンは、おそらく『恋空』に「リアル」を感じるかどうかの、大きな分かれ道になっています。ここであっさりカラオケに向かう美嘉の行動を「リアル」と思えるか、「おいおい、ありえないよ！　お前さっきまで悩んでたじゃん！」と思わずツッコミを入れたくなるか。少なくとも『恋空』に「限定されたリアル」しか描かれていないと感じる読者であれば、後者の反応を示すのではないでしょうか。

さらに事例をつけ加えるなら、『恋空』においては、「内面的」で「精神的」な苦悩さえも、「ケータイ」によってもたらされます。美嘉はヒロのモトカノから、《シネシネシネシネ》といった嫌がらせメールを頻繁に送りつけられて精神的に病んでしまい、胃痛で入院し、リストカットをするに至ります[14]。しかし、その一連の描写はたった数ページで済まされてしまい、しかもその問題は、「機種変」をすることで（と作中では書かれていますが、おそらく電話番号も変えることで）あっさりと克服されてしまいます。もしこれがいわゆる「近代小説」や「文学」であったらならば、病に至り、そこから回復するまでの「内面的」な過程がもっと丹念に描かれていたことでしょう。

内面モードを中断するケータイ

『恋空』では、ケータイの存在によって登場人物たちの「内面」が切断され、「脊髄反射」的な行動が展開されていく。だからこそ少なくない読者は、この物語になんかしらの「リアル」を読み込むことができずに、「ありえない」と感じてしまう。――このように整理するならば、なぜ『恋空』には「限定されたリアル」しか描かれておらず、しかもそれが近代的な小説と異なっているのかということを、あらためて確認することができます。

すでに触れたように、ケータイ小説は、「援助交際」「レイプ」「リストカット」といった「非日常的な――さらにいえばそれがあまりにも「典型的《ベタ》」な――事件を扱っているがゆえに、「限定されたリアル」に留まっていると評価されます。しかし、これはふと考えると少しおかしいことに気づきます。そもそも、この社会を生きる大部分の人々にとって「非日常的」な事件が作中に描かれているからといって、それが直ちに「リアルではない」などといえるでしょうか。当然ながら、そんなことはないのです。いうまでもなく、古今東西の文学作品を見渡せば、アブノーマルな犯罪や性愛を扱ったものはゴマンと存在しています。しかし私たちは、それらの作品を「ありえない」などと切って捨てることはありませんでした（「つまらない」と切って捨てることはあるにせよ）。

では、なぜ私たちは近代小説や文学に「限定されないリアル」、つまり「〈普遍的〉なリアル」を読み取ることができた（ということになっていた）のでしょうか。それはふつう私たちが小説を読むとき、そこに「日常的」（に起こると思えるよう）な事件が描かれているかどうかではなく、主人公をはじめとする登場人物たちが、その事件に直面した結果、どのような「内面的」な事態に――たとえば苦悩し、絶望し、克服するといった状態に――陥るのかどうかに着目してきたからです。

つまり、「普遍的なリアル」を判定する基準は、「もしそのような状況に置かれれば、そのような内面的経験を〝私〟もするだろう」と思えるかどうかにあったということです。いいかえれば、物語内における〈客観的〉な出来事のレベルではなく、〈主観的〉な感情移入のレベルにおかれていた。いや、さらに言葉を補うならば、本来は共有不可能なはずの「内面」の動きを、あたかも〈客観的〉に共有可能であるかのように見せかけるのが、近代小説や文学という「制度」だった、といえるでしょう。

もちろん、そのようなものだけが「小説」の読み方なのではありませんし、まして小説という表現の〈普遍性〉を担保するのでもなく、むしろ上のような「前提」や「制度」の存在こそが疑われ続けてきた――といった議論の積み重ねがあることを、筆者は承知しています。しかし、ここで筆者は、いわゆる文学論に立ち入るつもりはありません。ここで筆者が確認したいのは、少なくとも上の「ルール」に沿って『恋空』を読むのであれば、たしかにそこには「限定されたリアル」しか描かれていないように見えてしまうということです。

なぜなら『恋空』という作品のなかでは、登場人物たちの「内面」が――〈自分で自分に語りかけ、思考し、問いかけるようなモード〉が――、どこにいても「♪ピロリンピロリン♪」と鳴り響くケータイの存在によって、常に切断されてしまうからです。つまり、『恋空』が「限定されたリアル」であるというとき、それは単にこの作者の文章や文体が稚拙であるとか、展開が支離滅裂であるといった表面的な問題には還元できないということを、ここであらためて確認しておく必要があるでしょう。

ともあれ、『恋空』の登場人物たちは、しばしば突如として鳴り響くケータイに「脊髄反射」的に反応することによって、いわゆる「内面」的なものを失っているということ。こうした認識は、九〇年代以降のメディア環境、特に若年層のケータイ・コミュニケーションのあり方を分析する際、頻繁に指摘されてきたものです。曰く、若者たちは四六時中ケータイをさわり、メールを一日何十通も絶え間なく交し合っている。そのコミュニケーションにさしたる「内容」はなく、ただ繋がっていることをだけを確認するための「コンサマトリー」なものにすぎない。それはあたかも「脊髄反射」的で「毛繕い」のようなものに堕している。その風景はときとして霊長類研究者からは『ケータイを持ったサル』（正高信男、二〇〇三年）と形容され、また一方では社会学的な抽象度を高めて「繋がりの社会性」と分析されてきました。

しかし、「脊髄反射」という言葉には注意を払う必要があります。この言葉はややもすると、『恋空』の登場人物たちが一切の「判断」や「選択」をすることなく、無意識のうちにケータイを〈操作している〉――というよりも、ケータイに〈操作されている〉――という印象を与えます。しかし、それはあくまで「一面的」な読み方であることに注意する必要があります。筆者の好むいい方を使えば、そこにはあくまで「客観的に見れば」という留保をつけるべきです。すなわち彼／彼女たちは、〈主観的〉には無数のケータイを介した「選択」や「判断」を瞬時のうちに積み重ねているけれども、〈客観的〉にはあたかも「何も考えていない」かのように見えてしまうということ。この作品の「ケータイ」にまつわる記述を注意深く追っていくならば、そう読み解くこともできるのです。

Pメールと Pメール DX の違い――ケータイを介した選択と判断

それはどういうことでしょうか。再び『恋空』の内容分析に戻りましょう。ケータイにまつわる選択と判断の連続。それは、主人公である二人の男女が出会うくだりから始まります。

「あ~!! 超お腹減ったしっ♪♪」という、あまりにも有名になってしまったひとことから始まる、この作品の冒頭のシーンで、美嘉は女友だち数人とお弁当を食べている最中に、まず「ノゾム」という男子生徒と出会います。彼はいきなり「俺と友達になってよ♪ 番号交換しようぜ!」といって馴れ馴れしく美嘉に接触してくるのですが、ノゾムは学校のなかでもいわゆるチャラ男の遊び人として知られていて、その警戒心から美嘉は無視を決め込みます。しかし、友だちのアヤはノゾムといきなり親しげに会話をはじめてしまい、しかも電話番号を交換してしまいます。これを美嘉は「信じ難い光景」と形容します。

その後、放課後に自宅でブラブラしていた美嘉の元に、「(電話帳に)登録してない知らない番号から」の着信が入ります。美嘉は、「しかも登録してない知らない番号から…。誰だろう?‥?」と思いつつも、「相手を探るように」その電話に出るのですが、その相手はノゾムでした。あろうことか、どうやらアヤは勝手に美嘉のケータイ番号をノゾムに教えてしまっていたのです。ノゾムは、突然の電話を侘びたその次には、「友達なって!」と頼んでくる。美嘉はもちろん当惑し、そして友だちのアヤの行動を憎むのですが、ノゾムとの電話を切ったあとに、彼女は電話番号を「一応」電話帳に登録します。

――余談ですが、ここまでのくだりを読んだ方のなかには、「美嘉」と「ノゾム」がこの後つき合いはじめるのではないかと思われた方もいるかもしれません。ここまでの流れは、いわゆる少女マンガの王道パターンであれば、「はじめはガサッでなれなれしかった男子が、実はけっこういい側面もあって……」といったストーリー展開を想像させます。

しかし、『恋空』はここでいささか意表を突く展開を見せます。ノゾムはその後も、何度も美嘉に電話やメールを投げてくるのですが、それはいつも同じ内容で、《ゲンキ?》《イマナニシテル?》という単調なものばかり。これに美嘉は次第にうんざりし、返事をしなくなり、ノゾムを避けるようになってしまうのですが、この一連のくだりは、次のようなPHSに関する詳細な説明を伴っています。[15]

初めて電話で話した日以来、
ノゾムからは毎日のように電話やメールが来る。
当時はまだ〝携帯電話〟を持ってる人が少なく
ほとんどの人が〝ＰＨＳ〟を使っていた。
〝ＰＨＳ〟にはＰメールとＰメールＤＸという機能がある
Ｐメールとはカタカナを15字前後送ることが出来る機能で、
ＰメールＤＸとは今の携帯電話のように長いメールを送ることが出来る機能だ。
重要な内容ではない限りＰメールＤＸは使わない。
ほとんどはＰメールを使用していた。

ノゾムからのメールはいつも同じ内容。
《ゲンキ？》
《イマナニシテル？》
決まってこの二通。
次第に返事をするのが面倒になり、
返事をしなくなってしまったうえに
電話にも出なくなった。

この一連の「Pメール」の文字制限仕様に関する説明は、必要と思われる接続詞を欠いていることもあり、実に「唐突」で「浮いた」ものに見えるかもしれません。いわゆる恋愛小説に分類される『恋空』のなかで、なぜこのようなケータイのスペックに関する説明的記述を挟む必要があったのかという印象を禁じえないからです。

しかも、上に引用した文章の直後では、ノゾムのことを避けるようになったもう一つの理由として、もともとノゾムに積極的にアプローチしていた親友のアヤが、美嘉の事を「〝親友の男を平気でとる女〟」と陰口を言い出したから、というものがつけ加えられています。だとするならば、「親友のことを裏切りたくないから」という理由でノゾムを避けたのだと説明すれば、物語の記述としては事足りるのではないか？　――その理由は後ほどすぐに明らかにしますが、筆者が注目したいのは、こうしたケータイに関する記述の「過剰さ」「詳細さ」なのです。

ストーリーの続きに戻りましょう。ノゾムを避けるようになってからしばらく月日がたって、学校は夏休みに入ります。ある日のこと、友だちのマナミと部屋で過ごしていた美嘉のＰＨＳに、今度は「知らない家の電話」から着信がかかってきます。これに美嘉は「…やめとく。知らない番号とか嫌だしっ！！」といって電話を切ろうとするのですが、傍らにいたマナミは美嘉のPHSを奪い取り、その電話に出てしまいます。するとそれは酔っ払って実にテンションの高いノゾムでした。これに美嘉は「ゲッッ！！」と面喰らうのですが、ノゾムはすぐにこういいます。『俺PHS止められちゃって〜参った！　今〜弘樹って奴の家から電話かけてんだよね！　頭良くない？　今からそいつに変わりま〜す！』。ここでようやく、美嘉の恋人となる「ヒロ」が登場するのですが、それは次のような「出会い」になっています。

『俺ノゾムのダチの桜井弘樹。あいつ今かなり酔ってるみたいでごめんな』
ノゾムとは正反対の、低く落ち着いた声。
『大丈夫だけど…ってか弘樹君だっけ？？　家の電話からかけてて大丈夫なの？？』
美嘉の問いに弘樹は電話ごしで笑って答えた。
『ヒロでいいから！　番号聞いていいか？　俺からかけ直す』
そして番号を交換した。これがヒロとの出会いだ

こうして二人は、まだ直接顔を見たこともない状態から、電話という声と声だけの間で「出会い」をはたす。そして美嘉は「ヒロとは会ったことがないけど話が合う」と感

じ、毎日暇さえあればケータイ上での親交を深めていくことになります。

――以上の美嘉とヒロが出会うまでのくだりは、書籍版にしてわずか十数ページしかありません。しかしそのなかには、実にさまざまなケータイに関する記述が登場しています。それがアドレス帳に登録された番号かどうか。アドレス帳に登録したかどうか。メールか通話か。「Pメール」か「PメールDX」か。そして、こうしたケータイの操作に関する記述だけに着目して読み通せば、なぜ前段の部分で「Pメール」の字数制限について触れられていたのかが明らかになります。

それはどういうことでしょうか。ノゾムのメールは、いつも決まって《ゲンキ?》《イマナニシテル?》という「簡単」なものでした。それはなぜか? 端的にいえば、「Pメール」には「一五文字まで」という字数制限があるからです。つまり「Pメール」では、その程度の「簡単」な内容しか「物理的」に――本書の表現を使えば「アーキテクチャ」の性質上――書くことができない。しかし同じ箇所では、当時PHSには、より多くの字数を送ることができる「PメールDX」も存在していたと説明されています。そして「重要な内容」であればそちらを使う習慣も存在していました。

だとするならば、もっと「簡単」ではない「重要」なメールを、ノゾムは美嘉に送ることも可能だったはずです。それなのに、ノゾムは決まりきったメールを送ってくるばかりだった。つまり、ノゾムは「可能な選択肢があるのに、それを選択しない」という〈選択〉をした存在として、美嘉の側からは見えていたわけです。

これに対し、偶然のきっかけから電話上で出会ったヒロは、ノゾムとは違うタイプの落ち着いた声の持ち主で、趣味の話も合う。少なくとも、《ゲンキ?》としかいってこないノゾムに比べれば、ヒロとのほうが相対的に見れば「内容」のある話をすることができる。そのうえで美嘉は、「顔」を知っているノゾムよりも、「顔」も見たことがないヒロのほうが「話が合う」という選択を行なっている。ここで社会学の言葉を使うならば、ヒロは当初美嘉にとって「インティメイト・ストレンジャー」——匿名的なのに親しみを感じる異人——として現われていた、ということです。

このように、冒頭の十数ページを「ケータイ」の操作に着目して読み進めるならば、主人公の美嘉がこのようなケータイを介した選択や判断を暗に行なっているということが浮かび上がってきます。少なくとも『恋空』の始まり方は、美嘉は単に「イケメン」であるからヒロに「脊髄反射」的に惚れた、といったものではないということが、上の記述から明らかになります。

またこのほかにも、『恋空』のなかには、至るところでこうしたケータイにまつわる「選択」や「判断」に関する記述が出てきます。[16] たとえば、それは着信が「非通知」かどうか、ヒロからの返信が「ソッコー」かどうかといったようなものです。大抵それらは一行程度の簡潔な記述となっており、読み飛ばしてしまうとほとんど気づかない程度に「ミクロ」なものではありますが、よくよく読むならば、その記述は実に「丹念」に――こういってよければ「律儀に」という形容があてはまるほど――行なわれていることがわかります。

つまり『恋空』という作品は、そのときケータイをどのような「判断」や「選択」に基づいて使ったのかに関する「操作ログ」の集積としてみなせるのではないか。そして読者の側は、そうした「操作ログ」を追跡《トレース》することを通じて、その場その場での登場人物たちの心理や行動を「リアル」だと感じることができるのではないか。これが筆者の考えです。

『恋空』の行間を読む

さて、ケータイの「操作ログ」に関する記述は、単に一行程度で頻繁に現われるだけではなく、効果的に省略されている場合もあります。ここではその一例を挙げておきましょう。

ヒロと電話上で親密になった美嘉は、夏休みが終わった後、学校でヒロと出会うことになるのですが、その場ですぐに二人はつき合うようになるわけではありませんでした。

美嘉はだんだんとヒロに惹かれていくのですが、同時にノゾムから「ヒロには彼女がいる」という情報を聞かされることで、ヒロに対する一抹の不信感を抱いてしまうからです（そのため、美嘉はヒロからのメールをシカトするようになります）。

そこで美嘉は、親友のアヤとミカに相談を持ちかけ、その場で〈ヒロが彼女と別れる気が本当にあるのかを聞いて、もし別れる気がないならあきらめる〉という方針を決めます。

そしてアヤとミカの二人が見守るなか、美嘉はヒロに、《カノジョトワカレルキアル？》《ナイナラアエナイ》とメールを送ります。これに対するヒロの答えは、次のようなものでした。[17]

♪ピロリンピロリン♪
メールを送ってからまだ一分も経っていない。
ヒロからの返事は即答でしかもたった一言だった
《モウワカレタカラ》
「美嘉やったじゃん♪」
メールの返事を見てぴょんぴょん飛び跳ね
まるで自分のことのように喜んでくれているアヤ。

これは何気ない文章——そしてこれもまたケータイによる「脊髄反射」が描かれているシーン——のように見えますが、ここに筆者は『恋空』に特有の「行間」を読み込むべきだと考えます。ヒロからの《モウワカレタカラ》という即答メールに、まず最初に「反応」するのは、ほかならぬメールを送った当事者である美嘉ではなく、傍らにいた親友のアヤだったということ。これは普通に考えれば「ありえない」ことです。一般にケータイは、画面も小さく、自分しか読むことができない「パーソナル」なメディアであるなどといわれます。つまりヒロからのメールにまず「反応」するのは、ほかならぬメールを送った美嘉であるはずです。にもかかわらず、ここでは、むしろ親友のアヤのほうが「脊髄反射」的な反応を示している。《モウワカレタカラ》↓(行間)↓「美嘉やったじゃん♪」という一連の文章のあいだには、こうした事柄の説明が省略されているわけです。

そして当の美嘉は、アヤたちが「まるで自分のことのように」喜んでくれたにもかかわらず、次のような悩みを抱えます。

好きな人が彼女と別れたら嬉しいはずなのに…なんでだろう。
素直に喜べない。だって、また嘘をついてるような気がするから。
まだ心のどこかに不安が残っている。まだ100%…信じてない気持ちがある。

筆者から見れば、この一連のシーンには、「ヒロのことを信じたいがまだ信じることができないでいる」という美嘉の揺れ動く心理が、単にその「内面」の動きをそのまま描写するのではなく、メールに対する「反応」の落差を挟み込むことによって、実に効果的に描かれているように思われます。

一般的に『恋空』という作品の文体については、「口語的でひたすらスピード感のある短文がガンガン続く」などと形容されることが多いようです。その文体的特徴は、一方ではこの作品を否定的に「はちゃめちゃな文章」などと嘲笑する際の根拠として、また一方では肯定的に「新しいネット／ケータイ時代の文体（言文一致体）の誕生」などと言祝ぐ際の根拠にもなっています。いずれにせよ、この作品には「行間」のような繊細な表現は一切存在していないと考えられているフシがあるのです。

しかし、上のような考察を踏まえるならば、それはいささか「表面的」な読解だといえるのではないでしょうか。むしろケータイの「操作ログ」の描かれ方に着目してこの作品を読んでいくならば、そこには「ケータイ」の存在があってはじめて成立しうる「行間」的表現がちりばめられているからです。

操作ログ的リアリズム

ここまでの内容分析を通じて、筆者は『恋空』という作品のなかに、「ケータイ」にまつわる「操作ログ」的な記述が積み重ねられていることを明らかにしてきました。

しかし、こうした「操作ログ」に着目する読解は、「深読み」なのではないかと思われた方もいるかもしれません。しかし、筆者はそう指摘されることはあえて否定しません。おそらく、当の『恋空』の読者たちに、「ケータイの操作ログに着目してリアルを感じましたか?」などと問いただしても、「いや別に特には」という答えが返ってくるか、せいぜい「そういわれればそうかも」という答えが返ってくるだけでしょう。なぜならそこに記述されている「操作ログ」なるものは、彼／女たちにとって日常的に（無意識的に）判断し選択されているような類のものであって、それを特に「自然」だとも「不自然」だとも思わないはずだからです。

また、このように思われた方もいるかもしれません。筆者の分析は、「ケータイは内面を剝奪する」という先ほどの考察に矛盾しているのではないか、と。

しかし、ここがポイントになるのですが、筆者は『恋空』に描かれているようなミクロな「判断」や「選択」の存在を証拠にして、『恋空』の登場人物たちにも（近代文学に描かれてきたような）「内面」があるのだ、といったようなことを主張したいわけではないということです。

もし仮に、この小説がケータイに対して「文学的」あるいは「内面的」に向かい合っているというのなら、そこにはおよそ次のような描写が見られるはずでしょう。「なぜ私はこんなケータイという存在に振り回されていつも苦しい思いをしているんだろう。幸せになれないんだろう。そうだ、こんなものは放り捨ててヒロと直接向かい合うべきなんだ。いや、しかしそれでも……」といった〈葛藤〉めいたものが。しかし、この作品のなかでは、残念ながらそうしたケータイについて「ちょっと距離を置いて考えてみる」といったような、いわば〈メタ的な操作ログ〉が記述されることはありません。むしろ徹頭徹尾、ケータイをどう操作したのかに関する〈一次的〉な水準の記述しか現われないのです。その意味において、たしかにこの作品には「内面＝反省」はロクに描かれてはいません。

その一方で、筆者が提示したのは、『恋空』という作品は、膨大なケータイに関する「操作ログ」の集積として読むことができるということです。そして、それをトレースするようにこの作品を読み進めていくことで、実は〈客観的〉に見れば――すなわち「第三者＝読者」の目から、あるいはサルの生態を観察するような「観察者」の目から見れば――トンデモで「脊髄反射」的に見える登場人物たちの行動が、実は〈主観的〉

に見ればそれなりに妥当で繊細な「選択」や「判断」の連続によって決定づけられていることがわかります。

少なくとも、いわゆる「ケータイ世代」のリテラシーや慣習と照らし合わせてみるならば、この作品に描かれているケータイに関する操作・選択・判断・反応のあり方は、それほど支離滅裂ではありません。つまりこの作品は、「レイプ」だ「中絶」だといった「ストーリー」の水準とはまた別に、ケータイ利用の「リテラシー」の水準で「リアル」を担保しているのではないか。

以上の考察を、ここでいったんまとめておきましょう。『恋空』においては、「内面」の〈深さ〉のようなものは描かれていないけれども、「操作ログ」の〈緻密さ〉のようなものが刻まれているということ。すでに筆者は、東氏の『ゲーム的リアリズムの誕生』をひもといておきましたが、そこで使われていた言葉をもじるならば、「操作ログ的リアリズム」とでもいうことができるでしょう。それは内面の／という風景をありのままに描写するのでもなく（「自然主義的リアリズム」）、ゲームのプレイ体験の構造を感情移入のためのフックとして物語内に導入するのでもなく（「ゲーム的リアリズム」）、ひたすらにケータイというメディアにどう接触し、操作し、判断し、選択したのかに関する「操作ログ」を描くものである、と。

『恋空』の「番通選択」と、ツイッターの「選択同期」

『恋空』に描かれた詳細な「操作ログ」を、ある特定の「リテラシー」に従ってデコーディングすれば、そこにミクロな選択が積み重なっていることを読み取れるということ。筆者はこのように主張しましたが、以下では、その「リテラシー」がどのようなものなのかについて、より詳しく見ていくことにしましょう。

その考察を行なうにあたって役立つのが、九〇年代に社会学者の松田美佐氏が行なった一連の分析です。当時松田氏が着目したのは、ケータイを利用する若者たちの間に「番通選択」と呼ばれる習慣が広まっているということでした。これはいまではほとんど聞かれることのない言葉ですが、もともとは「着信したとき、ケータイの画面に表示される番号次第で、通話するかどうかを選択する」という振る舞いを意味した若者言葉です。要するに、「ケータイに出る前に、誰からかかってきたのかを確認する」ということを意味しています。

しかし、それはいまではほとんどの方にとって、あまりにも当たり前の習慣になっているのではないかと思います。はたして、それはどのような意味で「新しい」（新しかった）というのでしょうか。松田氏は、次のように「番通選択」の特徴を説明しています。

若者はこの「番通」でかけてきた相手を確認し、応答するかどうか決める。今話したくない相手や知らない人の場合、電話に出ないという選択も少なくない。電話に出る場合でも、あらかじめ誰からであるかを確認し、「心の準備」をする。電話は発信者は好きなときにコミュニケーションを開始できるが、受信者側は電話に出るまで相手が誰だかわからない。「電話嫌い」の一つの原因ともなってきたこの電話の「暴力性」が、携帯電話では弱められている。

(松田美佐「若者の友人関係と携帯電話利用――関係希薄化論から選択的関係論へ」『社会情報学研究』第四号、二〇〇〇年)

ここでは、電話の「暴力性」という強い表現が使われていますが、そもそもケータイ以前の固定電話は、「突然鳴り響き、さらに誰からかかってきたのかもわからないまま、電話に出ることを求められる」という点で、きわめて「暴力的」なメディアだったということを意味しています。

これに対し、ケータイの「発信者番号通知機能」は、電話に出る前にその相手が誰なのかを前もって「判断」し、その相手とコミュニケーションすべきかどうかを受信側が

「選択」することを可能にしました。比喩的にいえば、相手の番号や名前を表示するケータイの「液晶画面」の存在が、それまで「暴力的」に鳴り響いていた着信コールに対する、「バッファ」あるいは「防御壁」の役割をはたすようになったということです。

この考察が興味深いのは、ケータイというメディアに対する一般的なイメージを、少なからずズラしている点にあります。というのも、いうまでもありませんが、ケータイはそのモバイルメディアとしての性質上、「いつでもどこでも繋がることができる」という点が最大の特徴だと考えられています。しかし、上のような慣習に着目すれば、それは「誰と電話すべきかを受け手側が選択できる」というアビリティを有した、「人間関係の選択デバイス」として捉えることができるということです。

そして、まさにこうした「番通選択」に関する操作ログは、先ほど見てきた『恋空』のなかにも数多く記録されています。たとえば、ノゾムが美嘉に一方的にアタックをかける一連の流れは、それこそ「番通選択」のオンパレードです。

まず、美嘉は携帯番号を交換していなかったノゾムから突然電話を受ける。いったんはノゾムの番号は登録したものの、次第に彼を「ウザイ」と感じるようになった美嘉は、ノゾムからの着信やメールを無視するようになる。すると、ノゾムの側は自宅の電話番号（つまり美嘉の携帯の電話帳にはまだ登録されていない番号）から電話をかけることで、なんとか美嘉との会話にこぎつける——以上のシークエンスは、いってみればケータイのディスプレイという「防御壁」を介して、相手からのコミュニケーションをディフェンスしようとする側と、そのディフェンスをなんとか掻い潜ろうとするオフェンス側との「攻防戦」の様相を呈しているのです。

さて、ここでいささか唐突ではありますが、こうした「番通選択」のあり方を、前章で分析したツイッターと引きつけてみることもできるでしょう。

すでに筆者は、ツイッターを次のように定義していました。基本的には「非同期的」に行なわれている独り言のような発話行為を、各ユーザーの自発的な〈選択〉に応じて、「同期的」なコミュニケーションへと一時的／局所的に変換するツールである、と。これに対し、ケータイの「番通選択」は、それまで一方向的にしかけられていた電話という「同期的」なコミュニケーションを、受け手の側が〈選択〉可能にすることを意味していました。つまり、ツイッターの「選択同期」とケータイの「番通選択」は、「選択可能な同期的コミュニケーション」という点で、共通しているのです。

ここで両者の共通点を指摘したいのはなぜかといえば、これまでツイッターのようなWeb2・0系サービスは、「ケータイ的なもの」とは遠く隔たったものだと一般に考えられてきたからです。しかし、前章でも見たように、いまや昨今のソーシャルウェアは、「同期的」なコミュニケーションへの志向性を強めており、むしろ両者の距離はかなり近づいてきているのです。

「iPhone」が日本でも発売された二〇〇八年には、「スマートフォン」と呼ばれるPC並のブラウザやモニタ解像度を搭載した携帯端末が浸透していくことで、ケータイ特有のウェブ文化がPCの水準に「引き上げられていく」、あるいは単にすべてがPC系のウェブ文化に「置き換えられていく」のだと考えられています。もちろん、そうした技術ドリブンの要因によって、日本のガラパゴス的なケータイ文化圏が今後変容していく可能性は否定できませんが、ここで筆者は、むしろ両文化圏のリテラシーが「混ざっていく」可能性を示唆しておきたいと思います。

本書でも見てきたように、アーキテクチャの進化は、突然新しい技術によって生じるというよりも、既存のリテラシーがアーキテクチャに〈埋め込まれる〉というかたちで生じていくことが多々あります。だとすれば、今後日本では、いわばPCとケータイという両生態系のリテラシーが「異種混交」を起こすことで、新たなソーシャルウェアを生み出していくのではないか。筆者はこのように考えています。

PC系文化圏とケータイ系文化圏の分断

とはいえ、もちろんケータイの「番通選択」とツイッターの「選択同期」の間には、大きな違いがあります。それは「第三者」——つまり、アドレス帳＝フレンドリストに登録されていない「誰か」——とのコミュニケーションに開かれているかどうかという点です。

まさにこの点において、ケータイとPCは、大きくユーザー層もリテラシーも「かけ離れている」と考えられてきました。それはこういうことです。ケータイはPCに比べるとディスプレイ画面が小さい。しかもその端末を通じて行なわれるのは、電話やケータイメールのように、「わたし」と「あなた」の二者間における「パーソナル」（プライベート）なコミュニケーションが中心である。それゆえケータイでは、PC上で一般に行なわれるような、ブログやBBSといった第三者的な「誰か」とのコミュニケーションが行なわれることは少ない。比喩的にいえば、ケータイは第三者への情報発信を伴う「放送」（あるいは「出版」）的性質よりも、特定された二者間での「通信」（あるいは「手紙」）的性質の強いメディアだと考えられている。そのためケータイで行なわれるコミュニケーションには、第三者的な他者に見られている／第三者的な他者に向けて発信するという感覚、つまり「パブリック」な表現活動意識が生じにくい。

——しばしば私たちは、こうした「PC／ケータイ」的なメディア観、あるいはメディアリテラシー観を抱いてきました。[18] さらにそれは、しばしば経済的な統計資料とともに、「ケータイ系ユーザーはPC系ユーザーに比べて『下流』である」といったかたちで主張されてきたのです。

たとえば、本田透氏の『なぜケータイ小説は売れるのか』(二〇〇八年)のなかにも、これと同様のPC/ケータイ図式を見出すことができます。この本のなかで、本田氏は、二〇〇〇年代の日本のネット環境を見渡したとき、なぜPCではなくケータイというメディアの上に、「ケータイ小説」という自主創作型の物語が大量に出現したのかと問うています。その問いに対する本田氏の回答は、「ケータイユーザーのほうがメタ意識が低いからだ」というものです。

それはこういうことです。PC系のネットユーザー(特に本田氏が例に挙げているのは「2ちゃんねらー」ですが)は、ケータイユーザーに比べて「突っ込み」の能力、つまりディスプレイ画面の向こう側の対象を「相対化して、ひとつの高い視点から見下ろして『観察』する力」が高い。それゆえメタ意識を持ったPC派のユーザーから見れば、ケータイ小説のようなあまりにも陳腐な物語には「突っ込み」を入れたくなる。たとえば『電車男』のように、物語それ自体に「突っ込み」のコミュニケーションを内包しているような物語でなければ、PC系ユーザーは感情移入することができない。それゆえPC系のネットユーザーは、「突っ込み」というリテラシーが高いために、ケータイ小説のような素朴な物語を享受することはない。逆にケータイ系ユーザーは、その能力が低いために、素朴な物語を存分に享受する。――このように本田氏は説明しているのです。

本田氏の説明は、これまでの「コンテンツの生態系」をめぐる本章の説明とも整合しています。日本のケータイ系ユーザーとPC系ユーザーの間には、「第三者性」の意識を持つか否かという点において、大きな差異が横たわっている。それゆえ日本では、とりわけ二〇〇〇年代後半に、かたやPC系を中心としたニコニコ動画、かたやケータイ小説と、それぞれまったく異なるコンテンツの生態系が生み出された。一方のニコニコ動画は、画面の「こちら側」というメタ的ポジションから、「向こう側」のオブジェクトに「突っ込み」を入れるという、まさにPC系文化のリテラシーをそのまま具現化したようなアーキテクチャだった。そしてもう一方のケータイ小説は、「反省的＝メタ的」な内面を有することのない登場人物たちが、まさにケータイによって駆動されていく物語だったということ。その論理はきわめて明快といえるでしょう。

操作ログ的リアリズムの読解作業《ローディング》
――「コンテンツの生態系」を理解するために

その論理の明快さを認めたうえで、筆者はそれでも、次のように指摘しておきたいと思います。たしかにケータイ小説には「メタ意識」や「内面」は描かれてはいない。しかし、少なくとも『恋空』には、「操作ログ」の〈緻密さ〉のようなものが刻まれているという点で、決して素朴でもなければワンパターンな作品ではない、ということです。

本田氏は、多くのPC系ユーザー同様、『恋空』をまったくといっていいほど「リアル」に読めなかったといいます。また多くのPC系ユーザーたちは、それがまったく「リアル」ではないということを根拠に、ケータイ小説とその読者たちを嘲笑し、その支離滅裂さに「突っ込み」を入れていきました。レイプに援助交際といったワンパターンな物語を享受しているのは、ケータイ系ユーザーが「バカ」だからだ、といわんばかりにです。

しかし筆者の目には、ケータイ小説を嘲笑する人々たちもまた、ワンパターンで素朴に見えます。なぜなら『恋空』のなかには、ケータイという「小さなディスプレイ画面」の上で起こる、「番通選択」のようなミクロな選択の履歴が刻まれているにもかかわらず、『恋空』を嘲笑する人々は、その〈緻密さ〉をデコーディングすることができずに、ただひたすらにストーリーの水準に反応して嘲笑するばかりだからです。そこには、自分たちとは異なるリテラシーを有した「文化圏（生態系）」にも、それ相応の「複雑さ」があるはずだという感度が欠けてしまっているのではないか。これが筆者の考えです。

おそらく私たちは、これからも、多様に散らばるソーシャルウェアの生態系の上に、ニコニコ動画やケータイ小説のように、「限定客観性」や「限定されたリアル」によって支えられた、「コンテンツの生態系」を見出していくことになるでしょう。そして、別の生態系の存在を嘲笑しては盛り上がったり、あるいは「そこにもそれなりのリアルがあるんだ」と中立的な態度を取ったり、はたまた「ここあそこの文化圏は別物であり、もはや向こう側は古いのだ」と境界線を引こうとしたりすることでしょう。さらに東氏も述べたように、もはや現代社会が「大きな物語」を喪失しているとすれば、私たちはそこかしこに「小さな物語≒限定されたリアル」を発見し、その林立状態について、いくらでもメタ的＝俯瞰的に、饒舌に語ることができるでしょう。しかし、そうしたメタ意識は、もはや「大きな物語」というプラットフォームを失っている以上、決してなんらかの収斂を見せることなく、空転するほかないように思われます。

これらに対するオルタナティブとして筆者が提案したいのは、他の文化圏やコンテンツの内側に分け入り、そこに蓄積された「操作ログ」のなかから、それを「リアル」だと感じさせている「リテラシー」を〈逆向きに〉読み込んでいくという作業です。通常であれば、「リテラシー」の存在が「操作ログ」のスムーズなデコーディング（解読）を可能にしているのに対し、筆者が提案しているのは、それを逆の方向から、つまり「操作ログ」の側から「リテラシー」を解読していくということです。これを筆者は、

「操作ログ的リアリズム」の読解作業《ローディング》——「読解＝リーディング」ではなく「呼び出し＝ローディング」——と呼んでおきたいと思います。コンテンツの生態系が今後ますます拡大し、その複雑さを増していくとすれば、私たちはその豊かさや多様性を理解するために、上のようなアプローチを採用することが有効なのではないか。筆者はこのように考えています。

〔1〕増田聡「データベース、パクリ、初音ミク」東浩紀＋北田暁大編『思想地図⑴』NHK出版、二〇〇八年、所収。

〔2〕日本のオタク文化に特有の欲望や受容形態（「萌え」）については、主に以下の文献を参考のこと。東浩紀『動物化するポストモダン』講談社現代新書、二〇〇一年。および伊藤剛『テヅカ・イズ・デッド』NTT出版、二〇〇五年。

〔3〕「オープンソース」とは、通常、商用ソフトウェアでは非公開（プロプライエタリ）にされることの多いプログラムのソースコードを、他の開発者向けに公開・共有することを指す概念。特にそのオープン化を定めた「ライセンス」（ソフトウェアの使用許諾条件）を総称する。「リナックス」（Linux）や、ウェブサーバの「アパッチ」（Apache）など、インターネットを支える技術の多くが「オープンソース・ライセンス」を採用したことから大きな注目を集め、現在に至るまで、インターネット上の協働的創作現象の代表例として知られてきました。ソースをオープンにするといっても、決して著作者が権利を「放棄する」ことを意味するわけではなく、ライセ

ンスを通じて、開発者・共同開発者・利用者らが「契約」を結んでいる点が重要です。また、オープンソース・ライセンスは一つのものではなく、たとえば「ＭＩＴライセンス」「ＢＳＤライセンス」「ＧＰＬ」（GNU General Public License）など複数存在しており、それぞれライセンスの内容は異なっています（制限が緩いものから厳格なものまで、実に多様です）。その思想はさまざまですが、これらを「オープンソース」として総称したのが、『伽藍とバザール』の著者、エリック・スティーブン・レイモンドらが中心となって一九九八年に設立した、「オープンソース・イニシアチブ」でした。

〔4〕「ウィキペディア」（Wikipedia）とは、ユーザーがボランティアで記事を作成していることで知られる、ウェブ上の無料百科事典のこと。二〇〇一年から英語版の作成が開始されており、二〇〇八年現在、世界二六四の言語に対応。ウィキ（Ｗｉｋｉ）というＣＭＳを用いて運営されており、基本的に、誰でも記事内容を記述・編集することが可能になっています。にもかかわらず、いわゆる市販の百科事典にも量・質的に遜色のないレベルに達しているとしばしば評されており、オープンソースと並び、インターネット上の協働的創作現象の代表例として知られてきました。しかし、ウィキペディアは毀誉褒貶の激しい存在でもあり、その書き込み内容の誤りや質の低さが批判されたり、複数のユーザーによる編集方針が衝突する「編集合戦」や、企業による「自作自演」的な書き込みが相次いだりすることで、ネット上のネガティブな側面を代表されてしまうこともしばしばあります。

〔5〕オープンソースやウィキペディアの共通性については、「集合知」（The Wisdom of Crowds）、「マスコラボレーション」（Mass Collaboration）、「コモンズベース・ピア・プロダクション」（Commons-based Peer Production）などの概念が参考になります。参考文献は、上か

ら順に、ジェームズ・スロウィッキー『「みんなの意見」は案外正しい』角川書店、二〇〇六年。ドン・タプスコット+アンソニー・D・ウィリアムズ『ウィキノミクス』日経BP社、二〇〇七年。Yohai Benkler, The Wealth of Networks, Yale University Press, 2007.

〔6〕「スーパーボールが坂から大量に転がる」CMとは、二〇〇五年にソニーが「BRAVIA」向けに作成したもので（当時日本では未放映）、これを自宅の階段などの場所で真似た動画がユーチューブに大量にアップされました。また「コーラ・メントス（メントスガイザー）」とは、EepyBirdという二人組が作成した一種の「水芸」のような動画作品のこと。コーラのペットボトルにメントス錠を入れ、これを振ることで一気にコーラが噴出する現象を利用して作成されています。この動画が「Revver」という動画共有サイト上で公開されるや否や、コーラ・メントスの模倣作品が次々とアップされ、流行現象にもなりました。これを受けて、米メントス社は、「コーラ・メントス」を作成した二人組に対し、正式な続編作品の制作を依頼したといいます。

〔7〕ニコニコ動画上の「N次創作」の例として、たとえば本文中でも触れた「組曲『ニコニコ動画』」（通称「組曲」）では、まず、ニコニコ動画上で人気を集めたアニメやゲーム作品や初音ミク作品の楽曲がアレンジされ、一繋ぎのメドレーが作成されます。これに、コメントでまず歌詞や弾幕がつけられ、次にカラオケ風の歌詞をつけた動画がアップされ、さらには「空耳」や「替え歌」をつけたコメントや動画が登場する。そしてこの歌詞を歌う「歌ってみた」系の動画がアップされ、さらには複数の「歌ってみた」を合成した合唱曲が生み出されます。また、ギターやドラムなどを演奏する「演奏してみた」系の動画や、楽曲の関連キャラクターの映像や手描きのイラスト・アニメを用いて作成された「MADムービー」や「PV」などもあります。このように、一つの作品が基点となって派生作品（二次創作）が生み出されるだけではなく、派生作

品（二次創作）がまた別の作品（三次創作）にとっての部品（モジュール）としての役割をはたしていき、その三次創作がまた別の……という一連のプロセスを、「N次創作」と呼ぶことができます。

〔8〕「VIP★STAR」とは、平井堅の「POP STAR」という楽曲を元に、2ちゃんねるの「ニュー速（VIP）板」で作成された替え歌のこと。「テラワロス」「それなんてエロゲ？」「あるあ…ねーよw」など、VIP板特有の言葉がちりばめられています。この替え歌を唄ったkobaryu氏の声が平井堅のそれに酷似していたため、ネット上で大きな反響を呼びました。

〔9〕「鳥の詩」とは、二〇〇〇年に発売され大ヒットした18禁ゲーム、『AIR』の主題歌のこと。

〔10〕「限定合理性」とは、米国の経営学者・認知科学者・システム論者として知られるハーバート・A・サイモンが提出した概念で、人間は（経済学が想定するように）「合理的」に振る舞おうとするが、認知能力の限界ゆえに（認知限界）、その合理性は限定されてしまうこと。この限定合理性を持つがゆえに、人間は企業組織という人工物を設計・構築し、そのサポートに従って高度に合理的な意思決定を行なう、とサイモンは考えました。これを受けて筆者が造語した「限定客観性」とは、情報社会において人々はしばしば「客観的」な基準を必要とするけれども、社会が抱える「価値の多元性」という限界ゆえに、あくまでその客観性は限定的なものに留まる、という事態を指しています。

〔11〕東浩紀＋加野瀬未友他「陰口で繋がる自由――繋がりの社会性という日本的欲望」『ised@glocom（情報社会の倫理と設計についての学際的研究）』倫理研第四回、共同討議第二部、

〈http://ised-glocom.g.hatena.ne.jp/ised/07110514〉。
〔12〕速水健朗「ケータイ小説の『リアル』とは何か?」『犬にかぶらせろ!』二〇〇七年、〈http://www.hayamiz.jp/2007/11/post_4dfc.html〉。
〔13〕『恋空』書籍版下巻二一頁/『魔法のiらんど』版前編三八〇頁以降。引用は『魔法のiらんど』版から。両者を読み比べると、数え切れないほどの修正が入っていることがわかりますが、以下本章で取り上げるシーンについては、二つのバージョン間にクリティカルな差異は見られなかったため、特にここでは両者を区別せずに扱っていきます。また、元文章にあった空行/改行については、引用の便をはかり、適宜改変を行なっています。
〔14〕『恋空』書籍版上巻五九頁/『魔法のiらんど』版前編四四頁。
〔15〕『恋空』書籍版上巻一七一一八頁/『魔法のiらんど』版前編七頁。
〔16〕『恋空』書籍版上巻一〇七頁/『魔法のiらんど』版前編八八頁。
〔17〕『恋空』書籍版上巻一五一頁/『魔法のiらんど』版前編七頁。
〔18〕木村忠正『ネットワーク・リアリティ』岩波書店、二〇〇四年。

第八章
日本に自生するアーキテクチャをどう捉えるか？

ウェブの未来予測はできない

これまで本書では、主に二〇〇〇年代以降のソーシャルウェアの進化のプロセスについて見てきました。最終章となる本章では、そのプロセスを「生態系」になぞらえて分析してきた本書の試みを踏まえつつ、今後の指針を導き出しておきたいと思います。

といっても、それは「今後のウェブの生態系がどのように進化するのか」をめぐる、未来予測的なものを打ち出したいということではありません。近年では、Web2・0をめぐる議論のブームが沈静化したことを受けて、Web3・0の動向をめぐる議論も行なわれています（たとえば、そのなかでも考察の深いものとして、佐々木俊尚氏の『インフォコモンズ』（二〇〇八年）を挙げておきましょう）。

しかし筆者は、「単にWebX・0をめぐる議論がバブルでしかないから」というのとはまた別の理由で、「次世代のウェブの生態系」の動向を予測することはできないと考えています。それはどういうことでしょうか。

未来予測はできない。それは、「生態系」や「進化」といった概念モデルを採用した時点で、自ずから要請される立場です。というのも、第二章の最後でも触れたように、進化論というフレームワークは、ある複雑な現象を目の前にしたとき、その変動を動かしている原動力を、「偶然的」なものに認めるからです。たしかに、ある時代や世代を切り取って観察してみれば、あたかもその環境に適応した「優れたもの」が生き残り、その生態系における覇権を握っているかのように見えます。そして、またなんらかの要因で「環境」自体に変化が起これば、その変化に偶然適応したプレイヤーが出現し、覇権を握ることになります。そこには、事後的に見れば、「優れた」性質や機能を有したソーシャルウェアが生き残っていくように見えますが、それはあくまで事後的に見出されたものにすぎず、次の世代にあてはまるとは限りません。

さらにいえば、生態系の進化や均衡といった現象は、きわめて相互依存的であり、何か一つでも欠けてしまえば、予想もしなかったような大きな変動を全体にもたらすことがありえます。「アーキテクチャの生態系マップ」に描いたように、その進化プロセスは、前世代のソーシャルウェアに依拠しつつ、さらに同世代のソーシャルウェアとの相互関係のなかで、成長や衰退を繰り返していきます。だとすれば、私たちに認識したり予測したりすることができるのは、現在の生態系のマップを手元に眺めつつ、せいぜい「一世代先」のソーシャルウェアの布置や相互関係を類推することぐらいのものでしょう。まして数世代・数十世代先のウェブの生態系の姿を、はっきりとした形で予測することは、誰にも――それこそ「神」でもない限り――できないのです。

自然成長的なものとしてのウェブ

その一方で、生命現象の比喩というものは、そうした得たいのしれない現象の全体性を把握するためにこそ、用いられてきたという歴史的背景があります。たとえば、私たちはいまウェブやグーグルの急速な成長を、進化論や生態系の比喩で認識しつつ、旧来型の企業組織やメディアといったものが機能不全に陥っていると声高に論じています。しかし、かつて大企業組織や産業社会やマスメディアといったものが出現したとき、私たちの社会はそれを生命の比喩で捉えていたのです。ここでは詳論しませんが、たとえば、「組織」という言葉自体が、もともとは「有機体」と同義の言葉ですし、また一九世紀には、ハーバート・スペンサーらによる社会進化論が一世を風靡し、社会を有機体＝組織と捉え、流通や交通を血液の循環にたとえていたことは、よく知られているとおりです。

さらにいえば、そもそも自然現象や生命現象のなかに、ある種の「分業」を見出すという発想自体が、実は人間社会の認識を通じて出てきたものともいえるわけです。柄谷行人氏は、『隠喩としての建築』（一九七九年）のなかで、次のような転倒を指摘しています。すなわち、「アリの分業」や「昆虫の社会」といった生態学的認識が生み出されたのは、人間社会をそのように観察するまなざしが先にあったからだ、と。あるいは経済学者の父ともいわれるアダム・スミスは、一八世紀の産業革命期のイギリスに生まれた「工場」を観察することで、「分業」という概念を打ち立てましたが、その後に、生物学や生態学は、まさに自然現象のなかに、「分業」というものを——そこには統一的に指示する権力者は存在しないにしても——見出していきました。

このように考えれば、ウェブに生態系を見出すという認識自体が、二重三重の反復と転倒を重ねたものの上にあることは明らかです。とはいえ、それは単に「誤謬」や「勘違い」だということでもない。たとえば、かつて二〇〇〇年代の前半に、ブログを通じた新たなジャーナリズムや民主主義の可能性を言祝いだ論者たちは、そのメカニズムをこぞって「アリの群れ」などに見られる「創発的秩序」にたとえました。[1] 個々のアリたちは、それを指揮する司令塔のような存在がいなくとも、ボトムアップ的に協調的行動を実現する。あるいは第二章でも見てきたように、しばしば私たちは、グーグルを中心に形成されたウェブの環境を「進化論」の言葉で説明し、ブログ上の言論を「ミーム」の淘汰にたとえます。しかし、ここで考えるべきなのは、なぜそのような比喩が、それこそ「ミーム」のようなものとして昨今の情報社会において流通しているのか、ということです。

それはおそらく、(かつて国家や企業がそうだったように)いまではインターネットやウェブが急速に成長しつつあり、私たちはその得たいのしれない巨大なシステムを、なんらかの予定調和的な秩序として捉えようとするニーズを抱えている、ということを意味しています。たとえば柄谷氏が前掲書で引いている、およそ一六〇年以上も前のマルクスたちの言葉は、いまの私たちがウェブを目の前にしている際の心理を、そのままに表わしているように思われます。

社会的な力、つまり分業によって条件づけられる種々の個人の協働によって生ずる、幾倍にもなった生産力は、これら諸個人には、その協働そのものが自由意志的ではなくて、自然成長的であるため、かれら自身の結合された力としてはあらわれず、むしろなにか疎遠な、かれらの外に立つ強制力としてあらわれる。そしてこの力については、かれらはその来しかた、行くすえが全然わからず、したがって、もはやこれを駆使することはできないばかりか、逆に、いまやこの力のほうがそれに固有の、一連の局面と発展段階の継起を——それは人間の願望や行動に依存しない。いやむしろこのような願望や行動に方向をあたえる働きさえする——通過するのである。

(カール・マルクス+フリードリヒ・エンゲルス『ドイツ・イデオロギー』一九六六

年）

ウェブ上で日々行なわれている分業と協働の力は、少なくともこれまでのインターネットの歴史においては――インターネットやオープンソースの歴史を通じて――、偉大なる先人たちによって、「自由意志的」に行なわれていた。少なくとも私たちは、そのように語ってきました。そしていまでも、ウィキペディアやニコニコ動画といったCGMが豊かに成長しつつあるとき、その分業と協働に日々参加するネットユーザーたちは、自分たちの「結合された力」を認識していることでしょう。

しかし、あまりにもインターネットが大衆的に普及した現在、それはもはやいつのまにか巨大に蠢き成長を続ける、「自然成長的」なものとしても現われています。ただし、それは私たちがウェブを便利なものとして使っている間は、取り立てて問題にはなりません。むしろ私たちは、「疎遠な」「外に立つ強制力」によって、その価値を高め、維持する活動にいつのまにか参加させられているからこそ、現在のウェブを便利なものとして利用することができているともいえます。

しかし、ウェブ上のソーシャルウェアは、しばしば既存の社会や組織や個人に牙を向けます。たとえば「炎上」でも「祭り」でもいいのですが、それは一個人や一組織がとうてい抵抗できるようなものではありません。それに直面したとき、私たちは、ウェブというものを、あらためて「疎遠な」「外に立つ」強制力として認識することになるでしょう。たとえば批評家の荻上チキ氏は、ウェブを「独自の生態系を持った生物のようなもの」と述べた後に、映画『マトリックス』に描かれるコンピュータの養分と化した人間たちにたとえています。

それと同様にウェブも人間に欲望の発露の回路を与え、そこでコミュニケーションを行うためにアクセスしてくる「人間」による書き込みやファイルの投稿を糧に、どんどん成長しています。ウェブにしてみれば、人間はあくまでウェブという主体が成長していくための環境や養分でしかないかのごとくであり、その「成長」を「誰か」がコントロールしているというわけでは決してない。にもかかわらず、ウェブは人を媒介にしながら、その体系を築き続けています。何かエラーが出たら、人間に部品を買いに走らせ、修復させ、プログラムを更新させ、コミュニケーションを行わせることでさらに人を取り込む、というように。人が生み出したものでありながら、人の手を離れて独自の成長を遂げるそのさまは、『怪物《リヴァイアサン》』のようでもあります。

（荻上チキ『ウェブ炎上』二〇〇七年）

この言葉は、産業社会や国家の出現を目の前にした人々と、ほとんど同じようなものとして読めるということに、私たちは着目すべきです。つまりウェブを生態系とみなすということは、片方ではその成長と進化をオプティミスティックに捉えることに繋がると同時に、その裏面で、自分たちでつくったはずのものが、自分たちではコントロールすることのできない外的な強制力として現われる、ということを意味しています。

しかし、だからといって私たちは、その得体のしれない全体性におびえ続ける必要はありません。たとえば荻上氏は、前掲書のなかで、いたずらにウェブを「怪物」とみなしておびえるのでもなく、かといってオプティミスティックにウェブの可能性を称揚するのでもなく、その生態系の「法則」を理解し、ウェブと適切につき合っていくための「知恵」や「リテラシー」を導こうとしています。

進化論的な枠組みでいえば、比較的長期間にわたって、安定的に存続しているアーキテクチャの「機能」や、それが引き起こしやすい集合現象の「パターン」を分析することは、十分に可能です。進化論や生態学的認識は、すべてを偶然に還元するわけではありません。むしろ事後的には機能分析を行なうことができるのです。ウェブの生態系がますます私たちの日常に食い込んでいく以上、そうしたプラグマティックな「知恵」を抽出していく作業は、今後ますます重要になっていくでしょう。

レッシグの思想——コモンズ

さてその一方で、インターネットやウェブという得たいのしれない生態系に対し、コントロールをかけることができるはずだし、そうするべきだ。こう考える人々も存在しています。——というと、それは未成年利用者の携帯電話にフィルタリングをかけようとする人々や、ネット上の著作物利用にDRM（Digital Rights Management＝デジタル著作権管理）をかけようとする人々といった、ウェブの出現にいち早く「疎遠な力」を感じ取っている人々のことをイメージさせてしまうかもしれません。たしかに、彼らもそうした立場の一つなのですが、むしろインターネットの自由で偶然的で自然成長的なあり方を守るためにこそ、また別種のコントロールが必要だと考えている立場もあるのです。

「アーキテクチャ」という概念を提示したローレンス・レッシグは、その第一人者ともいうべき論者です。レッシグは、インターネットを、私たちの誰もがそこに自由にアクセスし、さまざまなアプリケーションの実験を行なうことができる「プラットフォーム」であると同時に、そこでの情報資源——それは言論（文字情報）や、音楽・映像といったコンテンツから、プログラムのソースコードまで——を自由に再利用・改変することで、また新たな情報を創造することができる「コモンズ」として捉えています。そしてレッシグにとって、インターネットがもたらす「自由」なるものは、こうしたイノベーションが絶えず偶然的に、そして自然発生する場所（プラットフォーム／コモンズ）がもたらす「効果」ないしは「影響」として捉えられます。

そしてレッシグが独創的だったのは、私たちの社会は、そのインターネットがもたらす自由＝自然発生性――レッシグの弟子にあたる法学者のジョナサン・ジットレインは、その性質を「生成力」と呼んでいます[2]――を、あえて意図的に守っていくべきだと主張した点にありました。

それはこういうことです。九〇年代後半以降、インターネットの急激な成長に危機を覚えた旧世界のプレイヤーたち――とりわけ政府やメディア・コンテンツ系企業――は、フィルタリングやDRMの導入を通じて、インターネットの「自由」に制限を加えようとしてきました。これに対し、多くのインターネットの自由を信奉する人々（サイバーリバタリアン）は、サイバースペースの自由を侵害する忌むべきものだと考え、反発を示しました。サイバースペースは、そうした法的規制の及ばない自由な領域であるべきであり、だからそれに対する「規制」は何もしないべきである。こう彼らは考えたのです。

レッシグも、DRMには反対します。それはインターネットの「コモンズ」としての性質を大きく歪めてしまうことに繋がるからです。しかし、その一方でレッシグは、「サイバースペースは（法の規制が及ばない）自由な領域であるから、何もせず放置すべきだ」という考え方は、あまりに素朴すぎるとも批判しました。なぜならレッシグの考えでは、上のような意味でインターネットが「自由」で「自然生成的」でありえたのは、それが自由に参照・利用可能な「オープン」なアーキテクチャだったからです。

たしかにサイバースペースは、「自由」な場所であるかのように見える。そしてそのように機能してきた。ただし、その性質は、決して未来永劫不変な「自然的性質」ではなく、アーキテクチャの設計を通じて変えることができてしまう。だとすれば、インターネットの自由を守るためにこそ、アーキテクチャが常にオープンであり続けるようなものとして維持する必要がある。そのためには、むしろインターネットのあり方に法的な規制をかけることで、そのアーキテクチャを守っていかねばならない。――こうレッシグは主張したのです。[3]

以上に見てきたように、レッシグの思想の要点は、多様なイノベーションを生み出す、「アーキテクチャの生態系」としてのインターネットに価値を認めるからこそ、その多様な「生態系」のあり方を支えている、「生態系のアーキテクチャ」そのものを守らなければならない、というものになっています。

ただし、ここで抑えておきたいのは、こうしたレッシグのインターネットの自由＝偶然性＝自然成長性を護持しようとする考えが、決して素朴なオプティミズムによるものではなかったということです。つまりレッシグは、インターネットはとにかくうまくいく、という考えの持ち主ではない。むしろそこには、私たちは、未来を完全に予測することはできず、何が「よきこと」なのかをめぐっては常に完全に合意に至ることは不可能だからこそ、自由な実験のための場所を絶やしてはならない、という考えがあります。

こうした発想は、生態系の多様性についてのアナロジーで理解することができます。もしなんらかの要因で環境が激変したとき、遺伝子の多様性が低ければ、その種の存続は危ぶまれてしまう。だからこそ生命体は、常に遺伝子を配合・交換することで、遺伝子レベルの多様性を高めているのだとする考え方が、これにあたります。

ハイエクの思想――自生的秩序

さて、こうしたレッシグのインターネットに対する思想のあり方は、経済思想家フリードリヒ・A・フォン・ハイエクの考えに通じているように思われます。「市場」に関する独特の思想を構築したことで知られるハイエクは、近年では、「インターネット」の思想家として評価されています。もちろんハイエクが活躍した時代は、インターネットは存在していませんでしたが、たとえば経済学者の池田信夫氏は、ハイエクによって「社会における知識の利用」という一九四五年に書かれた論文は、インターネットを予見するものだったと紹介しています[4]。

> 合理的な経済秩序の問題に特有な性格は、われわれが利用しなければならない諸事情の知識が、集中された、あるいは統合された形態においてはけっして存在せず、ただ、すべての別々の個人が所有する不完全でしばしば互に矛盾する知識の、分散された諸断片としてだけ存在するという事実によって、まさしく決定されているのである。したがって社会の経済問題は、「与えられた」資源をいかに分配するかという問題だけではない（中略）。社会の経済問題はそれよりもむしろ、社会のどの成員に対しても、それぞれの個人だけがその相対的重要性を知っている諸目的のために、かれらに知られている資源の最良の利用をいかにして確保すべきかという問題である。すなわち簡単に言うならば、どの人にもその全体性においては与えられない知識を、どのように利用するかの問題である。
>
> （フリードリヒ・A・フォン・ハイエク『市場・知識・自由』一九八六年）

ハイエクは、「社会主義」や「計画経済」を痛烈に批判したことでつとに知られます。

そのような中央集権的な経済システムでは、社会全体を見通している（ことが期待される）官僚が、効率的に資源を配分しようとするわけですが、ハイエクの考えでは、それは不可能です。たとえば、社会のどこで資源が不足し剰余し、誰が何をどの程度必要としているのかに関する情報は、複雑な社会においては、「分散された諸断片」としてあるほかなく、決して完全なかたちで集約し、統合することはできないからです。そうである以上、いかに効率的に資源を配分するかという問題は、決して試験問題のように明快な形で「与えられ」ることはありません。

だとすれば、どうすればいいのか。ハイエクは、そのコーディネーションの役割を市場がはたしてきたと考えます。市場とは、「価格」というただ一つのシンプルなパラメータを通じて、各主体が自由に――自律・分散・協調的に――行動することで、効率的な資源分配を結果的に実現する。市場それ自体は、決して人々の知識を中央政府のようにかき集めることはしませんが、価格というパラメータを提示することで、「個々の参加者たちが正しい行動をとることができるために知る必要のあること」が少なくて済むようになる。ハイエクは、こうした市場の性質を「遠隔地通信のシステム」にたとえています。

ウィキペディアの創始者で知られるジミー・ウェールズや、『インターネットは民主主義の敵か』などの著書で知られる憲法学者のキャス・サンスティーンらは、こうしたハイエクの市場＝価格システムを、ブログやウィキペディアとのアナロジーで議論していますが、池田氏も指摘するように、これはウェブやグーグルのエコシステムを思わせます。[5] ただし、グーグルが市場と異なるのは、それが「価格」（貨幣）とは異なるページランクという指標を用いており、さらには完璧な「中央政府」をも思わせる、「神の視点」（梅田望夫）をも実現しているようにも見える点にあります。しかし、第二章でも論及したように、グーグルは決して人々の知識を「統合」し、シンプルな「課題」に還元しようとするわけではなく、ただ人々の検索行動をトレースしているに留まるという点で、「中央政府」よりは「市場」に近いといえるでしょう。

さて、こうしたハイエクの思想は、「神の見えざる手」（アダム・スミス）に類する、予定調和的な信仰としてしばしば否定されますが、――ここがまさにレッシグと共通する部分ですが――ハイエクは決してオプティミスティックにその機能や効果を信じていたわけではありませんでした。

ハイエクによれば、市場＝価格システムとは「人間がそれを理解することなしに偶然出会って見つけた後に、利用することを学んだ形成物」にほかなりません。それは人間社会がつくりだしたものですが、偶然の結果として生み出されたものにすぎない。その「偶然性」を嘲笑し、また別の理性的な資源の分配方法や分業のあり方が可能だと主張する人々に対し、ハイエクは次のように主張しています。

> 真相は今述べた通りなのだという示唆を嘲笑したがる人たちは、そういう示唆は、ある奇跡によって近代文明にもっともよく適合する種類のシステムが、自然発生的に成長したと主張するものだ、とあてこすって議論を歪めるのが通常である。これは話が逆である。人間は分業を可能にさせる方法をたまたま見つけたために、われわれの文明の基礎をなす分業を発展させることができたのだ。もしも人間が分業を可能にさせる方法をみつけていなかったとしたら、人間はそれでもなにか別のまったく異なった型の文明、白アリの「国」のようなもの、あるいはもっと別の想像もつかないような型の文明を、発展させていたかもしれない。われわれが言うことができることは、現存システムをもっとも猛烈に攻撃する人びとにとってさえも貴重であるような、現存システムの一定の特徴（中略）が維持されうる代替的システムを設計することにいままで誰も成功していない、ということだけである。
>
> （前掲書、傍点引用者）

人類社会が完全なる中央集権的な情報システムをつくることが現状不可能であり、他に代替しうるものがない以上、これからも、偶然私たちが手に入れた「市場」というシステムに頼るしかない。これをハイエクは「自生的秩序」と呼び、そして晩年のハイエクは、法的制度や議会制度を通じて、それが適切に働くようコントロールすべきであると主張したことで知られています。

しばしばハイエクは、市場の自由を主張する「リバタリアン」（自由至上主義者）でもありながら、そのコントロールを主張するようにもなったため、その思想は矛盾していると指摘されてきましたが、その背景には、こうした市場なるものに対する「二重」の考え方——機能的には、市場という「自律・分散型」の情報通信システムの性能を評価しつつ、歴史的には、その「偶然性＝自然成長性」としての側面を認める——があるといえるでしょう。それはいってみれば、「再帰的リバタリアニズム」とでも呼んでみることができるのかもしれません。

それにしても、上に引用した文章のなかで、ハイエクが「白アリの『国』」という言葉を使っていたのは見すごせません。単なる偶然の一致にすぎないとはいえ、インターネット上の人々の「分業」のあり方が「アリの群れ」にたとえられていたことは、すでに紹介したとおりです。もちろん、インターネットが生まれてこのかた経た年月は、市場に比べれば圧倒的に短いため、現時点の私たちは、ハイエクのようには力強く「インターネットには他に代替するものがない」と主張することはできません。むしろインターネットはいままでのところ、従来よりも低コストで、手紙・電話・テレビ・ラジオ・

新聞・書籍・雑誌・掲示板・百科事典……といった従来のメディアやコンテンツを「代替」しているにすぎないともいえる。ですからインターネットの今後の真価は、アーキテクチャの実験を通じて、「他に代替するものがない」といえるものをどれだけ生み出すことができるのかにかかっているともいえるでしょう。

「ズレ」をはらむ日本のアーキテクチャ

以上のレッシグやハイエクに関する考察は、私たちがインターネットを生態系としてみなす際の重要な指針を導き出してくれました。しかし、まだ重要な問題が残っています。それは、こうした――レッシグならインターネットの、ハイエクなら市場の――「自然成長性」をあえて護持していくという立場が、日本では成立しづらい、というものです[6]。

それはこういうことです。すでに見てきたように、レッシグたちによれば、インターネットの「自由」の本質は、そのアーキテクチャが「自然成長性」に開かれている点にありました。だからこそ、その自由で自然な「生態系」のあり方を護持する必要があると彼らは考えた。ここまではいいでしょう。そして、こうしたインターネットの開かれた性質――アプリケーション層に新たなアプリケーションを構築する自由――によって、この日本という場所には、匿名掲示板の2ちゃんねるや、SNSのミクシィ、そして動画共有サイトのニコニコ動画といった、日本特殊型のソーシャルウェアが次々と生み出されるに至りました。

しかしその多くは、本書でもしばしば言及してきたように、とりわけインターネットの「自由」や「理念」を信奉する人々にとって、正面から肯定できるようなしろものではないという扱いをしばしば受けてきました。それらは、日本のインターネット上に、まっとうで、風通しのいい、そして「内容」のある議論を行なうための公共的な場を築くこと――それは「総表現社会」とも「草の根ジャーナリズム」とも「電子公共圏」とも呼んでもよいのですが――を望む人々から見れば、「理想のプロジェクト」を阻害するものとしてみなされてきたのです。

ひとことでいえば、インターネットが自由で多様な生態系であるからこそ、この日本という場所には、「反理想的」ともいえるようなアーキテクチャが自然発生してしまうということ。いいかえれば、日本では、インターネットの「自由」と「自然成長性」に対するイメージが、（たとえば米国のレッシグが語るようには）きれいに重なることなく、「ズレ」をはらんでしまうということ。この「ズレ」の存在は、少なくとも九〇年代以降のインターネットをめぐる日本の言説史のなかに、常に影を落としてきました。

たとえば第三章でも触れたように、梅田望夫氏が消費者主体の「総表現社会」の到来を言祝ぐとき、それを実現するのはあくまで「ブログ」であって、「消費者参加型メディア」という点では同条件であるはずの「2ちゃんねる」の存在は、梅田氏の言葉からはきれいに排除されていました。この排除のなかに、私たちは日本で情報社会やインターネットを理念的に語る者が必然的にこうむる、「ズレ」の効果をはっきりと見出すことができます。あえていえば、日本では、Web2・0という言葉は、「ようやくインターネットといえば『2ちゃんねる』のことを指さなくてもよくなった」ということを暗に意味するものとして、受け入れられたといっても過言ではありません。

とはいえ筆者は、決してそのことを批判しているのでありません。むしろ「2ちゃんねる」を理想のウェブサービスの一覧から外すことは、これまでの日本のインターネットを少しでも知る人であれば、あまりにも「当然」で「常識的」な判断だと感じることでしょう。しかし問題は、そのように私たちに感じさせているものこそが、少なくともこの日本という場所でウェブやソーシャルウェアについて考える際、「生態系」や「自然成長性」といった認識モデルを〈中途半端なもの〉にしてしまうということです。

たとえば、先ほどハイエクの節で引用した池田氏は、また別のエントリーで、ハイエクの「自生的秩序」の概念を参照しつつ、（基本的にはまったくその価値を認めることはできないと留保したうえで）もし「2ちゃんねる」にウェブサービスを成功させるための方法論を学ぶとすれば、それは「自由度」を高める点にあると論じています。[7]

「間違い」を許容する。「自由度」を高める。つまり「生成力」を護持するということ。これがソーシャルウェアの設計においては重要だと池田氏は述べた後に、「もちろん、2ちゃんねるのようなアナーキーに転落しないように最小限度のルールを設定する必要はあるが」と留保をつけ加えています。

しかしその一方で、私たちが本書で見てきたのは、まさに突然変異の結果として、2ちゃんねるが成長し、今日まで生き残ってきたという「進化史」でした。だとすれば、それこそ日本のウェブ空間が、今後2ちゃんねるのような「アナーキー」に転落しないように、「最小限度のルール」を設定しようと考える人々は、少なからず存在していることでしょう。しかし、はたしてそれはどのようにして可能なのでしょうか。

たとえば西村博之氏は、2ちゃんねるの匿名性に対する批判について、次のように応答しています。どれだけ匿名性がある種の理念から見て規範的に「悪」とみなしうるとしても、多くの日本のネットユーザーにとって、匿名的身分が「合理的」なものとして選択されている以上、それを頭ごなしに否定する主張は、端的に無意味なのである、と。[8]

西村氏は、ブロガーの中島聡氏との対談のなかで、次のように語っています。そもそも「本名でブログを書いている人というのはよほど自信があるのか、頭が悪いのかどっちか」である、と。これはいかにも西村氏らしい挑発的な物言いといえますが、これは筆者なりにいいかえるならば、匿名者から批判されるというリスクを負ってまで、「個」としてウェブ上で発言するのは、それを上回るメリットを見込める者か、あるいはそのリスク自体に鈍感な者だけだ、ということを意味しています。

日本のウェブ空間においては、2ちゃんねるが一定の規模で巨大に成長してしまったことで、匿名のヴェールを身にまとうことが「デフォルト戦略」となってしまった。そのため日本のウェブ空間においては、「個」に転じることのリスクとリターンを自覚的に「運用」できる者でなければ、やはり自らもまた匿名を採用することが最も「合理的」な選択になる。ここで西村氏は、まさに「進化ゲーム」的な均衡として、日本では匿名的なソーシャルウェアが人々に選択されているということを論じているともいえるでしょう。

しかし、そうした合理的選択のための場を提供しているのは、ひろゆき、お前自身ではないのか。そう反論する声も当然存在しています。だとすれば、西村氏がいなくなれば2ちゃんねるもなくなるのではないか。こう考える人々が出てくるのも至極自然なことです。たとえば池田氏は、先に引用した文章のなかで、ライブドアの堀江貴文氏のように、西村氏もまた権力機関によって社会的に抹殺される可能性を示唆していました。

こうしたある種「乱暴」ともいえる議論に対して、西村氏は次のようにシミュレートしてみせます[9]。たとえ、「西村博之」という主体が、なんらかの理由で2ちゃんねるの運営が継続できなくなったとしても、そうした場所を必要とする人々がいる限り、おそらく2ちゃんねる的な空間はまたどこかに必ず生まれるだろう、と。

それはこういうことです。もし仮に、法改正を通じて、日本国内における匿名型アーキテクチャの存在を禁止したとしても、少なくとも現状では海外のサーバまでをも規制することはできません（そもそも現状からして、2ちゃんねるの物理的なサーバの所在は、この日本ではなく海外に置かれています。もちろん、海外のサーバへのアクセスをフィルタリングするなど、いくらでもその対策は考えられるのですが、その可能性はひとまず横に措くことにします）。だとするならば、当分の間、2ちゃんねる的な匿名空間は、おそらく「西村博之」という運営者を抜きにしても、人々のニーズがある限り生き残り続けていくに違いない。逆に西村博之という、まだしも日本人として対話可能な存在が運営しているほうが、2ちゃんねる的存在が野放しとなって自生する状態に比べれば、まだしも権力者にとってはマシであろう。だから2ちゃんねるは潰れない。こうしたある種「不気味」とも形容できる展望を、西村氏はとうとうと語ってみせるのです。

多くの人々にとって、こうした西村氏の認識は、それこそ「楽天的《オプティミスティック》」にも見えることでしょう。そして西村氏自身も、そのことを認めるに違いありません。彼は常に2ちゃんねるの運営を「趣味でしかない」と公言しており、「飽きたらやめるまで」と言い切っているからです。

とはいえ筆者は、西村氏のこうした物言いを、簡単に妄言として切って捨てることはできないとも感じています。本書が明らかにしてきた日本特有のソーシャルウェアの進化史に関する分析は、まさに2ちゃんねるを生んだ日本社会の「集団主義」的性質が、幾度も反復して現われてくる過程を浮き彫りにしてきたからです。

日本に自生するアーキテクチャをどう捉えるか？

日本に自生するアーキテクチャ。この現象を私たちはどう捉えるべきなのでしょうか。私たちは、ソーシャルウェアの「生態系」という認識モデルを、中途半端に手にしたまま、日本に自然発生するアーキテクチャを真正面から認めることもできずに、立ち止まってしまうほかないのでしょうか。

最後に、筆者はこの問いに対する回答を、二つ提示したいと思います。

その答えの一つは、そもそも私たちは、米国的なインターネット社会のあり方を唯一普遍のものとみなす必要はない、というものです。筆者はこの立場について、第二章で生態系の「相対主義」と述べましたが、それをあらためて別様に表現するならば、次のようになります。

これまで私たちは、インターネットや情報社会の理想のあるべき姿を、米国の実態を通じて、「ただ一つ」のものとして学んできました。インターネットという技術は、米国から輸入されたインフラでもあると同時に、その理想的なパフォーマンスについて語られたパンフレットも、私たちはもっぱら米国から輸入してきました。それゆえに、少なくともインターネットに理想を見出す人であればあるほど、なぜ米国におけるネット現象が日本のウェブ上に起きないのか、その落差に少なからず苛立ちや無力感を感じてしまいがちだったわけです。

しかし、社会学者の佐藤俊樹氏が、『ノイマンの夢・近代の欲望』(一九九六年)のなかで指摘しているように、インターネットの自治的で開かれたあり方は、そもそも米国社会の自治社会と契約社会と共和制の「伝統」(という言い方が強ければ「慣習」)の上に成り立っているとみなすことができます。つまり、インターネットが登場する前に、まさに自律・分散・協調的で個人主義的な社会のあり方が先に存在していた。佐藤氏はこうした認識を、「技術が社会を変える」(=技術決定論)とみなすタイプの議論を転倒させ、むしろ「社会が技術のあり方を決める」(=社会決定論)というかたちで、説得的に論じています。

だとするならば、少なくとも日本社会に、インターネットという通信技術やブログのようなソーシャルウェアを「移植」することで、ただちに日本社会のあり方が米国社会のようなものに突如として変わるということはありえない。むしろ日本という場所に、日本的なソーシャルウェアが自生的に現われてくるそのプロセスは、「正しい」とすらいえます。2ちゃんねるにせよ、ミクシィにせよ、ウィニーにせよ、ニコニコ動画にせよ、これらは日本社会の特質とアーキテクチャの「すり合わせ」（適応）が生じていくことで、さまざまに発生し成長し存続してきたからです。

その進化の過程を、私たちは、ウェブの多様な生態系のあり方の一つとしてみなすことができるでしょう。少なくとも私たちは、グーグルを中心としたウェブの姿だけを唯一の生態系とみなす必要はないはずです。もちろん、多くの人々もまた考えているように、――本書ではほとんどソーシャルウェアのビジネス面を論じませんでしたが――日本のウェブの生態系には、「お金の還流」という役割をはたすグーグルのような「生態系の要」が存在していないため、[10]その「生成力」は相対的に「弱い」ともみなすこともできます。しかしそれとて、グーグルが唯一の解というわけではない。むしろ日本では、グーグル以外の解を模索しうるという点で、別の進化の道が開けているともいえるでしょう。日本に自生するソーシャルウェアが、どれだけ「中途半端」で「ガラパゴス」なものに見えたとしても、私たちはそこから次の進化のパスを見出していくしかないのです。

しかし、この第一の回答は、私たちが日本に自生するアーキテクチャに対し、何もなすことができないということを意味しているわけではありません。むしろ逆です。もし私たちが、少しでもそれを「より良きもの」にしたいと願うのであれば、どうすればいいのか。もう一つの答えは、その問いに関わります。

ここまで筆者は、あたかも「日本社会」という性質を、あたかも確固たる実在であるかのように語ってきました。そしてその性質が、ソーシャルウェアの進化に反映されるとみなしてきました。これを筆者はいま先ほど「社会が技術のあり方を決める」と述べましたが、佐藤氏も別の場所で注意を促しているように、[11]「技術決定論がおかしければ」、同じ程度に、「社会決定論もおかしい」といえます。社会なるものは、それほどまでに確固たるものとして存在しているのか。そして技術と社会というものは、はたして本当にそこまで明確に切り分けられるのか。私たちはこのように問いかけることができるからです。

たとえば、本書で繰り返し見てきた「繋がりの社会性」にしても、それはいまや日本のソーシャルウェアの進化だけを促進するものではありません。たとえば二〇〇七年から二〇〇八年にかけて注目された米国のソーシャルウェアに、フェイスブック、ツイッター、「フレンドフィード」[12]といったものがありますが、これらは、常にリアルタイムで自らの行動履歴をフレンド《フィード》に通知するアーキテクチャとして設計されています。むしろこの点を見れば、日本特殊の現象に見えた「繋がりの社会性」が、世界的に拡散しつつあるようにも見えてきます。本書ではこの点を十分に検討することはできませんでしたが、こうした国境や文化を越えて「繋がりの社会性」が台頭してくる昨今のウェブ上のシーンを、また別の進化史の視点で捉えなおしていく作業が今後は必要とされることでしょう。

また、本書を通じて明らかにしてきたのは、技術（アーキテクチャ）と社会（集合行動）が、密接に連動するかたちで変容していくプロセスでもありました。たとえばミクシィであれば、リンクに対する慣習の違いから生じる「無断リンク」をめぐるトラブルを、「足あと」というアーキテクチャによって強制的に封じる。ウィニーであれば、「くれくれ厨」を蔑視し、「神」を崇めるという規範を、「キャッシュ」というアーキテクチャによって不要のものとし、P2P上にコモンズをつくりあげる。ニコニコ動画であれば、「祭り」には必ず「後の祭り」状態が訪れてしまうという不可避の問題を、「擬似同期型アーキテクチャ」によって「いつでも祭り」の状態を生み出すことで解消する。このように、ソーシャルウェアの進化プロセスは、前世代や別環境のソーシャルウェアにおいて、「規範」や「慣習」のレベルで実現されていた社会的な振る舞いが、「アーキテクチャ」による規制（秩序創出）に置き換えられていく過程として記述されました。

逆に「アーキテクチャ」が、意図せざる結果として、新たな「規範」や「慣習」を発現させていく側面も見られました。たとえば2ちゃんねるの「ｄａｔ落ち」や「匿名制」といった特性が、コミュニティのフロー化を推進し、コピペによって情報を伝達・共有する慣習を生み出したこと。また本書では詳しく論じることはできませんでしたが、ニコニコ動画のインターフェイスや機能の数々が、ユーザー側によって思わぬ使われ方をされていくこと。これらは、アーキテクチャが偶然にも社会的秩序を生み出していく一例だったといえます。

社会が技術を形作り、技術がまた社会をつくる。アーキテクチャと社会の間には、こうしたフィードバック・ループが複雑に絡み合って存在しています。つまり、「椅子を硬くすれば回転率が上がる」といった比較的単純なかたちでは、アーキテクチャの設計と効果に関する方法論を取り出すことはできないということでもあります。むしろ本書が明らかにしてきたのは、規範・法・市場、そして文化といった他の要素との相互影響のなかで、アーキテクチャの進化プロセスが進んでいく過程です。私たちの社会は、これからも、上に見たようなアーキテクチャと社会の諸システムとの「共進化」的現象を目の当たりにすることになるでしょう。

私たちの社会は、これからユビキタス化と呼ばれる動向によって、さらにネットワークが社会の隅々にまで浸透していくといわれます。そのとき私たちは、もしかしたら

（ここで筆者はあえて未来予測的な物言いをしますが）、ミクシィのように都市空間や集合住宅地を設計し、ウィニーのように流通や再分配のシステムを構築し、ニコニコ動画のように現実空間にコメントを付与するようになるのかもしれません（「ニコニコ現実」[13]）。それらはもちろん、すべてが現状の社会に比べて「より良きもの」へと「進歩」することを意味するわけではありませんが、少なくとも私たちは、それを「より良きもの」にしたいと願うはずです。そのとき、本書のケーススタディは、アーキテクチャを設計し、普及させ、ときには批判するにあたって、足がかりとなりうる知恵と知見を提供しているはずだと筆者は信じています。

――さらにいえば、私たちは、社会全体に浸透するに至ったアーキテクチャの設計と進化を通じて、日本社会のあり方そのものを書き換えていくことすら、不可能ではないはずです。こうした物言いは、ハイエクであれば、悪しき「構築主義」（あるいは「設計主義」）と批判するでしょう。あるいは、それこそ「白アリの『国』」だと嘲笑されてしまうかもしれません。もちろん私たちは、安易にそうした夢を語るべきではない。さらにいえば、レッシグが警鐘を鳴らしたように、その試みが一部の者によって密かに行なわれることについて、私たちは常に警戒せねばならないでしょう。

こうした留保は、いくらでもつけることができますが、ここで筆者が提案しているのは、「生態系」の認識モデルの適用先を、「ウェブ」から「社会」へと引き上げてみたいということです。なぜなら、「社会」というものは、本来であればウェブよりもさらに複雑で、多様なプレイヤーたちが織り成すエコシステムのようなものとしてあるはずだからです。

だとすれば、それもまた、偶然的で多様な進化のパスに開かれている。そしてその進化のパスに、私たちはアーキテクチャという新しい道具立てを通じて、関わりうるということ。もはや私たちは、なんらかのヴィジョンや合意を通じて、社会というものが変わるというイメージを抱くことが難しい状態にあるといわれます。筆者もそのように感じている一人です。そのとき、こうしたアーキテクチャの設計を通じて、社会をいわば「ハッキング」する可能性を信じることは、筆者にとって、単なるオプティミズム以上のものを意味しているのです。

〔1〕たとえば以下の文献を参照のこと。ハワード・ラインゴールド『スマートモブズ』NTT出版、二〇〇三年。伊藤穰一「Emergent Democracy」（邦題「創発民主制」）『GLOCOM Review』国際大学グローバル・コミュニケーション・センター、二〇〇三年、〈http://www.glocom.ac.jp/publications/glocom_review_lib/75_02.pdf〉。

〔2〕Jonathan Zittrain, The Future of the Internet and How to Stop It, Yale University Press, 2008.

〔3〕こうしたレッシグの活動は広範な支持を集めましたが、必ずしもそのすべてが成功したとはいえません。事実、レッシグはその限界を認識したうえで、著作権をめぐる活動の第一線からは退き、現在では政治（議会）の腐敗という問題に取り組んでいます。ローレンス・レッシグ「必読：これからの10年」『Lessig Blog（JP）－CNET Japan』二〇〇七年、〈http://japan.cnet.com/blog/lessig/2007/06/22/entry_10_2/〉。

〔4〕池田信夫「ハイエクとインターネット――自律分散の思想」『春秋』二〇〇八年五月号。また、本文中のハイエクの引用は、池田氏が参照している春秋社の全集版からではなく、ミネルヴァ書房の『市場・知識・自由』（一九八六年）から取ってきています。

〔5〕参考として以下の二つの記事を挙げておきます。キャス・サンスティーン「情報の集約：ハイエク、Blog、さらにその先へ」『Lessig Blog（JP）－CNET Japan』二〇〇五年、〈http://japan.cnet.com/blog/lessig/2005/07/20/entry_blog_18/〉。池田信夫「ハイエク」『池田信夫blog』二〇〇六年、〈http://ikedanobuo.livedoor.biz/archives/51292391.html〉。

〔6〕レッシグの議論（戦略）が日本では成立しがたいという点については、すでにさまざまな議論があります。たとえば、レッシグは「憲法の記述」を根拠に著作権強化に反対しますが、日本では「憲法意思」が希薄ゆえに同様の立場は成立しがたいと鈴木謙介氏は指摘しました（「その先のインターネット社会」宮台真司＋鈴木弘輝編著『21世紀の現実』ミネルヴァ書房、二〇〇四年、所収）。また白田秀彰氏は、日本かどうかとは関係なく、レッシグの「法によるアーキテクチャの護持」という戦略が今後も成り立つかどうか、原理的に検討しています（「情報時代の保守主義と法律家の役割」『ised@glocom（情報社会の倫理と設計についての学際的研究）』倫理研第二回、二〇〇五年、〈http://ised-glocom.g.hatena.ne.jp/ised/20050108〉）。

〔7〕池田信夫「ビジネスマンが2ちゃんねるから学ぶべきこと」『池田信夫blog』二〇〇七年、〈http://ikedanobuo.livedoor.biz/archives/51292646.html〉、および「自生的秩序」〈http://ikedanobuo.livedoor.biz/archives/51292647.html〉を参照のこと。
〔8〕中島聡『おもてなしの経営学』アスキー新書、二〇〇八年。
〔9〕西村博之『2ちゃんねるはなぜ潰れないのか?』扶桑社新書、二〇〇七年。
〔10〕マルコ・イアンシティ+ロイ・レビーン『キーストーン戦略』翔泳社、二〇〇七年。
〔11〕佐藤俊樹『00年代の格差ゲーム』中央公論新社、二〇〇二年。
〔12〕「フレンドフィード」(FreindFeed)とは、二〇〇八年二月に一般公開された、元グーグル社員が開発したウェブサービス。たとえばブログ、ツイッター、ユーチューブなど、一人のユーザーが複数のウェブサービス上で取った「活動」や「行動」を、一つのストリーム(流れ)上に統合して配信することができます。同サービスが話題を集めたのは、二〇〇八年に開催された「SXSW」というイベントがきっかけでした。二〇〇七年には、同イベントがきっかけとなってツイッターが注目されたのですが、二年連続で同様のサービス(SNS×実況的なサービス)が話題を集めているということは、米国における「繋がりの社会性」の台頭を考えるうえで重要だと思われます。
〔13〕筆者は以前に、このアイデアを「ニコニコ現実」と呼んだことがあります。濱野智史「ニコニコ動画とAR(現実拡張)技術が可能にする『ニコニコ現実』という未来」『CNET Japan』二〇〇八年、〈http://japan.cnet.com/news/commentary/20370895〉。

あとがき

いきなりなんの関係があるのかと思われるかもしれませんが、ゲームの話をしようと思います。

この一年の間に、「生態系」をテーマにしたゲームが日米両国で発売されました。『Spore』（二〇〇八年）と『勇者のくせになまいきだ。』（二〇〇七年）です。前者は、「シムシティ」の開発者として知られるウィル・ライトが手がけたもので、その内容は、生命（細胞）の誕生から文明社会の形成に至るまでの数十億年の歴史をシミュレートするという、実に壮大なものになっています。

これに対して後者は、本来は「生態系」をシミュレートするプログラムだったものを、ゲーム化するにあたって、「ドラクエ」的な「勇者と魔王の戦い」という世界観に当てはめたものとなっています。このゲームのプレイヤーは、通常のRPGとは異なり、魔王の側に立って、勇者を迎え撃つためのダンジョン（迷路）をデザインします。ダンジョンの設計次第で、モンスターたちの「食物連鎖」がうまく繋がり、より強力なモンスターが生まれるという仕組みです。

同じ「生態系」のシミュレーションを扱ったゲームでも、日米双方で、ここまで内容が異なってくるというのは、筆者には興味深いことのように思われます。話は飛びますが、かつて『種の起源』で進化論を唱えたダーウィンは、生命は神（創造主）が設計したものではないことを明らかにし、宗教的な大論争を巻き起こしました。しかし、いまや人間は、かつて神であればそう設計したかもしれない生命の歴史を、コンピュータ上でシミュレートするに至っている。一方、日本では、「生態系」というモデルを、既存の物語類型に当てはめ、そのシミュレーション・プログラムを作り変える。

ここには、一方ではグーグルを中心とする巨大なウェブ上の「生態系」を生み出した米国社会と、また一方では、かつて明治時代に、欧米諸国から「社会」なる概念と認識モデルを輸入してきた日本社会に横たわる差異が、いまでも如実に反映されているように思われるのです

本書の内容は、二〇〇〇年前半、筆者が当時大学生だった頃から継続してきた一連の研究が元になっています。「研究」といえば聞こえはいいのですが、実のところ、筆者は世にいう「ネットオタク」に相当しています。一日数時間はネットを見るのは当たり前。二〇〇二～〇三年頃には、「network styly」というブログを毎日更新していたので、

そのネタ探しに、日々ネット上を徘徊していました。いまでも、自分のパソコンの前に座ると、2ちゃんねるやらRSSリーダーやらニコニコ動画やらに、どっぷり浸かってしまうこともしばしばです。

そのため、本書の執筆作業のほとんどは、マンガ喫茶のパソコンで行ないました。そこは、自分向けに最適にカスタマイズされたブックマークやアプリケーションも導入されていない、まっさらな情報環境だからです。まさに本書は、アーキテクチャによる制御のたまものといえるでしょう……。

しかし、そんな一介のネットオタクでしかない筆者が、なぜネットにハマり、このような本を書くに至ったのか。それは、ネットに「社会的なもの」のコアがあると感じてきたからです。見知らぬ人々と出会い、議論する。時には協力する。あるいはいがみ合う。異なる価値観を持つ人々が、別々の空間に棲み分けていく。あるいは共通の価値観や規範を共有していく。――少なくとも筆者にとっては、ネットは社会から逃避する場所などではなく、むしろ社会空間の原初的な生成という場面に、ナマで遭遇することができる場所だったのです。

それはあくまで筆者の個人的経験にすぎません。そのため本書の記述は、可能な限り、客観的で分析的なものになるよう努めています。それでも、その行間に、こうした筆者の体験がいくらかでも込められていればと願っています。

本書が成立するまでには、数え切れない方々の協力を得ています。お一人ずつ名前を挙げることはできませんが、学生時代からは、慶應義塾大学湘南藤沢キャンパス（SFC）の熊坂賢次研究室・小檜山賢二研究室・國領二郎研究室の皆様、そしてかつての筆者の職場でもあった、国際大学グローバル・コミュニケーション・センター（特に東浩紀研究室とised@glocom）の皆様。さらに筆者の現在の勤務先である、株式会社日本技芸の皆様。以上の皆様に感謝します。特にそのなかでも、かつて九〇年代の終わりに、筆者が情報社会論を志すきっかけを与え、その後もさまざまにお世話になっている東浩紀氏に、あらためて感謝したいと思います。

また本書の一部は、『Wired Vision』でのブログ連載、「情報環境研究ノート」（http://archive.wiredvision.jp/blog/hamano/）が元となっています（第六章と第七章）。この連載のきっかけを与えてくださった、編集長（当時）の江坂健氏。そして本書の編集を担当くださったNTT出版の小船井健一郎氏。この他にも、公私ともにお世話になった／なっている皆様に感謝いたします。

そして、本書の内容は、ネット上のさまざまな議論の生態系をもとに成立していることは、いうまでもありません。本書に込められたミームが、その広大な「生態系」に開かれ、散らばっていき、アーキテクチャの生態系を豊かにすることに繋がることを願っています。

二〇〇八年九月　行きつけのマンガ喫茶にて

濱野智史

文庫版あとがき

本書は二〇〇八年に上梓した、著者による初の著作『アーキテクチャの生態系』（NTT出版）の文庫版にあたる。本書の主題は、主に日本と米国のウェブサービスを対象に、なぜ日本には（匿名掲示板の「2ちゃんねる」や「ニコニコ動画」といった）日本固有のウェブサービスが生まれてくるのか、比較社会学的な考察を加えるというものであった。

執筆したのは今（二〇一五年）からもう七年前のことになる。さらにいえば、本書の大元となっているのは、筆者が慶應義塾大学・湘南藤沢キャンパス（通称SFC）の政策・メディア研究科在籍中に行った、ブログの普及過程に関する修士論文であり、ちょうど本書の第二章や第三章が内容的に該当する（ただし、全く原型をとどめていないが）。私がブログの研究をしていたのは学部三年生だった二〇〇二年から、大学院を修了した二〇〇五年にかけてだから、本書は、当初の内容からすれば一〇年余りも経過している（！）というわけだ。これはとりわけ変化スピードの激しいウェブの世界を扱った著作として、とうの昔に内容が古びてしまっていても仕方がないはずである。

確かに本書には、執筆当時の記述や予測が大幅に外れてしまっている箇所も多い。一番目立つのは、米国のＳＮＳ、フェイスブック（Facebook）に関する内容であろう（本書第四章）。本書では、ミクシィ（mixi）のようなクローズド性の高いＳＮＳが、集団主義的性質の高い日本社会では受け入れられるのであり、個人主義（≒個人が強いことを前提にした）と相性のよい実名制ＳＮＳのフェイスブックは普及しないだろうと推測した。

しかしこの予想は、誰もが知るとおり大きく外れることになった。その要因や理由については様々なことが考えられるが（ミクシィの戦略展開の変化や、ＳＮＳをめぐる環境変化など）、本書ではあえて記述を追加・修正することはしなかった。むしろこれらの「本書の予想が外れた諸現象」については、本書を手にとる読者が、自ら分析・考察するためのよき「課題」になるのではないかと思う。

また本書の刊行からこの数年間、次々と新たなサービスが登場してきた。例えば第六章で扱った「擬似同期」型アーキテクチャの「ニコニコ動画」は、その後「ニコニコ生放送」のような「真正同期（リアルタイム）」型のサービスも展開し、日本有数の動画／放送系サービスに成長した（二〇一四年には、ニコニコ動画の運営会社ドワンゴ社は、ＫＡＤＯＫＡＷＡグループとの経営統合を発表し、いまや日本有数のコンテンツ企業となったのは周知のとおりである)。

さらに、本書刊行後に訪れた最も大きい変化といえば、アップル(Apple)社のｉＰｈｏｎｅやグーグル(Google)社のＡｎｄｒｏｉｄをはじめとする、スマートフォンの大普及であろう。特にスマートフォン上で利用される膨大な数の「アプリ」とその生態系は、「アーキテクチャの比較・分析」という本書の主題からすると実に考察に値する「課題」である。特に日本では、(スマホ／スマートフォン登場以前のガラケー／ガラパゴスケータイ時代に一大勢力となった)モバゲー・Ｇｒｅｅから、(スマホ時代に入ってから大流行した)ガンホー社の「パズドラ(パズル&ドラゴンズ)」に至るまでのソーシャルゲーム環境において、その進化／変化の度合いは著しかった。

本書ではこうしたスマホ時代特有のアーキテクチャ分析について、増補版として新たに考察を加える予定もあったのだが、諸事情につき実現することができなかった(ただしこれらの内容については、本書刊行後、筆者が継続的に執筆してきた『デジタルコンテンツ白書』という媒体があり、ここにソーシャルメディアの動向について比較的まとまった論考を毎年寄稿している。もし興味のある読者がいたら、そちらをあたっていただければ幸いである)。

*

このように本書は、繰り返せば、だいぶ古びた内容も多く、刊行後の変化もキャッチアップできているわけではない。しかし本書は幸いなことに、刊行から七年経った今でも読み継がれている。特に大学での「情報社会論」や「ネットワーク社会論」に類するようなメディア論系の授業で、参考図書として扱われることも多いようである（実際、大学生を中心にそうした読者の声をよく耳にする）。

確かに筆者が知る限り、「ウェブ」という情報環境に着目して、ある種の日本特有の「通史」を描いたような社会学的／メディア論的な著作はそれほど多くはない。というよりも、全くといっていいほど存在しないといってよいだろう。今回の文庫化にともない、本書が学生でも入手しやすくなったことは、著者としても幸甚の至りである。

また本書が刊行後も古びなかった（耐用年数が伸びた）要因を筆者なりに探ってみるとすれば、それは「アーキテクチャ分析」という視座によるところが大きいだろう。そもそも筆者がなぜこのアプローチを採用したかというと、それは社会学者・佐藤俊樹が指摘しているところの「技術決定論」と「社会決定論」の対立を、筆者なりにいかに「解消」するかという目論見《もくろみ》があった（『社会は情報化の夢を見る［新世紀版］ノイマンの夢・近代の欲望』河出文庫、二〇一〇年）。

それは簡単にいうと、こういうことである。ウェブサービスのような存在を扱う情報社会論においては、めまぐるしく登場する情報技術が社会を新たに変える、といった

「技術決定論」的な言説が次々と登場し、世の中を賑わせる。ツイッターが社会を変える、フェイスブックが社会を変える……というようにである。しかし佐藤が厳しく指摘するように、情報社会論においては「情報技術が社会を変える」といった言説だけがえんえんとこの数十年繰り返されており、社会のあり方そのものは何も変わりはしない。これを説明するのが「社会決定論」の立場である。技術社会学のセオリーでは、技術はあくまで社会の一要素に過ぎず、技術のあり方は社会的に構築されるとみなされる（SCOT：Social Construction Of Technology）。

ここまではよい。しかし、問題が残る。「社会決定論（社会構築主義）」的な見方が正しいのだとしても、いままさに変容を遂げるウェブやスマートフォンといった情報環境の変化を捉えるには、あまり有効とはいえない。社会構築主義的なものの見方は、遠い過去の技術発展史を見通す場合には有効でも（例えばラジオやテレビといった電気メディアの受容過程を歴史的に分析するには適している）、現在が分析対象となるとたんに困難が生じる。そもそも社会が技術のあり方を変えるといっても、複雑な社会を捉えること自体が困難だ。

そこで筆者が注目したのが本書の鍵概念でもある「アーキテクチャ」だ。ひとことでいえば、筆者が本書で目論んだのは、「あるウェブサービスなりアプリケーションなりのアーキテクチャは人の振る舞いに影響を与えるが（＝技術決定論）、どのようなアーキテクチャがその社会において普及し受容されるかは社会ごとに異なる（＝社会決定論）」という形で、技術決定論と社会決定論の視座を統合しようとする試みだった。

この試みがどれくらい成功したのかの判断は、読者諸兄に任せるしかない。ただし筆者としては、今までにない情報社会論の視座／史観を作り出すこと、そして情報社会論という言説ジャンルと日本社会における「批評」的伝統と接続すること——日本という社会をどのように（欧米近代社会と）相対化し、自己批判を加えるか——はある程度達成できたのではないかと自負している。

*

最後に、今後についても簡単に記しておきたい。本書には盛り込めなかった、本書刊行後に起こった情報環境の新たな生態系の実態や進化史／誌については、また別の機会にまとめて考察を展開するつもりである。

さらに、このあとがきを執筆している二〇一五年現在、情報社会論の言説空間では、ある種のニヒリズムやシニシズムも蔓延《まんえん》しているように筆者には思われる。それは具体的にいうと、「ツイッターは結局世の中を変えなかった」的な、（先ほどの言葉を使えば）「技術決定論」的な理想に対する冷笑的態度である。これは何も日本に限った話ではなく、例えばツイッターやフェイスブックがきっかけになったという「アラブの春」

をはじめとする「ネット発の民主革命」の顚末についても同様のことが言えるだろう。

この問題に対し、筆者はすでにある仮説を持っている。情報技術／情報環境が真の意味で「社会を変える」のだとすれば、それは、（情報技術がバーチャルな空間に留まるのではなく）「身体性」とのよりダイレクトで密接な結合が必要である、と。ただしそれは（Apple Watch の発売でにわかに注目される）ウエアラブル・デバイスが今後普及していけばよい、ということではない（それは典型的な技術決定論の見方である）。

実は筆者にとって、この「情報技術と密接に接合した身体のあり方」こそが、現代日本社会における「アイドル」という存在である。いま日本では、アイドルこそが情報環境の生態系の変化にもっとも敏感な身体性の「器」なのだ。この点については前著『前田敦子はキリストを超えた――〈宗教〉としてのＡＫＢ48』（ちくま新書、二〇一二年）で考察を加えた。しかし筆者としては、もはや分析者の立場ではなく、具体的にそれがどのようなものなのか、実践によって自ら証明する道を選んだ。その帰結が二〇一四年に筆者がプロデュースを始めたアイドルグループ、「ＰＩＰ：Platonics Idol Platform」である。

果たしてその試みが成功するかどうかは分からないが、筆者にとって、『アーキテクチャの生態系』から『前田敦子はキリストを超えた』、そしてアイドルグループ「ＰＩＰ」のプロデュースに至るまで、全て、筆者の問題意識としては一貫しているのである。

もちろん、この繋がりはほとんどの読者にとって理解しがたいかもしれないが、いつかその点についても著作でまとめる日が来るかもしれない。

それでは本当に最後に、ひとことつぶやいておきたい。進化が早く、多様なサービスやアプリを生み出し続ける、このインターネットの上に広がる情報環境の豊かな生態系。これからも、社会ネットワークの豊穣なる海の中で、生態系が常に活発に作動し、進化の連鎖が途絶えずに続くことを、筆者としては願っている。

二〇一五年五月一八日

濱野智史

解説

佐々木俊尚

　アーキテクチャという用語は、情報通信テクノロジの世界ではたいへん重要な意味を持っている。

　もともとは建築学の世界で、建築様式のことを指すことばである。情報通信の世界では、これがコンピュータの設計思想や構造のことを指して使われるようになった。なぜならコンピュータは単にハードウェアという箱があるだけでなく、その上に乗るソフトウェアと連動して動くからである。ハードだけを説明するのではなく、ソフトだけを説明するのでもなく、ハードとソフトがどう連携してどう動くのかという全体像の意味を持たせるために、建築様式の比喩をつかって「コンピュータのアーキテクチャ」という言い方をするようになったのである。

　とはいえ当初は、「コンピュータがどのような設計で作られているのか」「コンピュータでどのようにしてソフトウェアが動いているのか」という内部的な意味しか持っていなかった。それだけなら「この冷蔵庫は、冷媒を圧縮してパイプを循環させるアーキテクチャである」と同じようなことでしかない。冷蔵庫は現代の文明的な生活を維持させるために重要なデバイスのひとつだが、どのようなアーキテクチャで冷蔵庫が動いているのかが、人間生活そのものにダイレクトに影響があるわけではない。

しかしコンピュータが単なる計算機からパソコンやスマートフォンに進化して、それらが相互接続されてさまざまなウェブのサービスを提供するようになると、アーキテクチャの意味が変容してくる。ウェブのサービスをどのようにつくるのかというアーキテクチャそのものが、それらのサービスを利用する人間に影響を与えるようになったからだ。特にフェイスブックやツイッター、LINEといった人間関係の基盤となるようなサービスは、そのアーキテクチャによって人間関係そのものを変容させるようになる。

たとえばフェイスブックを使っていることで、長いあいだ会っていなかった学生時代のクラスメートからメッセージをもらった、というような経験をした人は多いだろう。フェイスブックの知人を見つけやすく、つながりやすいアーキテクチャによってこういう再会が可能になっている。

あるいはツイッターは情報が素早く拡散しやすい。RTという単純きわまりない操作によって、だれかのツイートは爆発的に広がっていく。一方でRTは脊髄反射的に行われやすいから、デマもかんたんに広がるし、失言などでも本人が取り消す間もなく広まってしまう。このように情報拡散性がきわめて高く、しかし暴走しがちなのが、ツイッターのアーキテクチャだ。

フェイスブックのアーキテクチャによって、人間関係はより持続可能になり、従来のリアルなコミュニティでは不可能だった新しい共同体の概念を生み出すことだってできるかもしれない。ツイッターのアーキテクチャは情報伝播の特質からマスメディアの情報配信を代替していくかもしれないが、しかし暴走しがちな性質は民主主義の根幹を危うくしてしまう可能性をはらんでいる。

われわれの生きている社会がインターネットと融合し、ウェブのサービスが人間の活動の基盤になっていけばいくほど、それらのアーキテクチャの影響力は高まっていくということになる。

これは一九六〇年代から七〇年代にかけて一世を風靡《ふうび》したメディア学者、マーシャル・マクルーハンが予言していたことだ。マクルーハンは二つの有名なことばを語っている。

「メディアはメッセージである」「メディアはマッサージである」

メディアは従来は、単なる流通経路にすぎなかった。重要なのはメディアを経由して流れる記事や映像、書籍などのコンテンツそのものであると考えられていたのだ。ところがメディアがじゅうぶんに進化してくると、単なる流通経路だったメディアそのものが意味を持ちはじめる。同じ記事であっても、それがどのようなメディアを経由するのかによって、読者の側が得る感覚が異なってくるとマクルーハンは指摘したのだ。さらに彼はメディアの意味を拡張し、たとえば放送であればテレビ受像機だけでなく、受像機から発せられる光や音、画面の手触り、新聞であれば活字のフォントや紙面のサイズ、インクの匂いといった要素も、すべてメディアであるとした。

そのような構成要素もすべてメディアに含むのであれば、たとえば私がいまこの原稿を書いているデスク。そこに置いてある時計の文字盤と時針もひとつのメディアである。デスクの片隅に積まれている未読の書籍数冊の背表紙のつらなりも、またひとつのメディアであるということになるかもしれない。そのようにしてメディアはわれわれの生きているこの空間のすみずみに存在し、情報を発信し、質感や視覚、音などの要素と一体となって、われわれの五感に刺激を与える存在になっている。これが「メディアはマッサージである」という意味だ。メディアはわれわれを包み、マッサージ師のように揉みほぐしているのである。

マクルーハンが半世紀前に語ったこのようなメディアの未来像が、まさに本書で描かれているアーキテクチャの生態系そのものに他ならない。いまも進化し続けているインターネットの世界では、ウェブのサービスが基盤となり、われわれの生活を包み込むメディア空間を形成している。そこではテレビ受像機の光や音、新聞紙の活字やインクの匂いと同じように、マウスのクリックやスマホのタップ、スワイプ、画面のデザイン、読み進めるとスクロールするタイムラインといったさまざまな要素が全体となって、メッセージとしてのメディアを構成している。そして同時にデバイスやウェブだけでなく、そこに参加するわれわれ人間という存在も構成要素となり、メディアの利用者であるのと同時にメディアの構成要素にもなっているのだ。

本書のタイトルがアーキテクチャの「生態系」となっているのは、そのように人間も含めたさまざまな要素がからまりあい、ひとつの生態系を形成しているからだ。このアーキテクチャの生態系は、マクルーハンが幻視したメディアのビジョンそのものであり、われわれはアーキテクチャの生態系によって全身を取り込まれ、揉みほぐされているのである。

このような構造は実はインターネットの世界だけでなく、人間社会のすみずみに遍在している。たとえば言語も広い意味で言えば、人間社会のアーキテクチャのひとつである。

テック系メディアの「ワイアード」日本語版にしばらく前、「使う言語が『世界の見え方』を決めている」という記事が掲載された。同じ人でも、そのときに使っている言語によって物事のとらえかたが変わってくるのだという研究結果を紹介する記事である。

この研究では、ドイツ語と英語が題材にされている。自動車の方向へと歩いている人を映した動画を被験者に見せると、英語を母国語としている人の多くは「人が歩いています」と回答した。しかしドイツ語が母国語の人々は「自動車に向かって歩いている人がいます」と答えたのだという。この理由として、ドイツ語では人間の行為だけではなく、できごと全体を考察するような目線を持った言語であるからだと説明されている。これに対して英語は、行為そのものだけに注意を集中させる傾向があるのだという。英文法の現在進行形は、ドイツ語には存在しない。

われわれは人間社会、人間の行為、人間の精神を特別なものだと考えがちだ。日本では特にこの傾向は顕著で、テクノロジは、器用な手先の延長として文房具の一種としてしか認識していない人が多い。だから「テクノロジがどんなに進化しても、人間の本質は変わらない」「テクノロジは人間らしさを失わせる」といった懐古的な言説がまかりとおっている。

しかし先ほどの言語の研究にもあるように、つねに人間の行動や精神は外部のアーキテクチャの影響を受けている。

歴史を振り返って見れば、テクノロジがこのようにして人間社会を取り込み、マッサージするというのは、実は何度もくり返されてきている。

GPT（ジェネラル・パーパス・テクノロジー）ということばがある。日本語では「汎用技術」という。人間社会を進化させるような、影響の大きな技術を指す。人類の歴史は、GPTの勃興の歴史でもある。

たとえば古代には、農業や家畜というシステムの発明がGPTである。さらに車輪や文字の発明、青銅や鉄の発見などもそうだ。中世末期ではヨーロッパにおける印刷の発明が、その後の近代化の道筋を開いた。

近代ではイギリスに端を発した産業革命が、鉄道や内燃機関、電気、自動車といったさまざまなGPTを生んだ。産業革命による膨大なGPTは、農村を衰退させて都市に人口を集中させるようになり、自宅で働くのではなく工場に通勤し、大量生産の商品を消費するという二十世紀型ライフスタイルをつくった。GPTと同時並行するかたちで近代の国民国家が形成され、権力の構造自体も変化させたのである。

そしてこのGPTの最先端が、いま起きているインターネットの進化であり、さまざまなウェブのサービスであることは間違いない。本書で紹介されているウェブのサービスは、今となってはかなり懐かしく感じてしまうものも含まれているが、しかしアーキテクチャが人間社会の基盤となり、人間の行動や考え方を規定し、そして最終的に人間社会のかたちを変えていくのだという枠組みそのものは、本書が執筆された当時となんら変わっていない。

アーキテクチャとはどのようなもので、アーキテクチャが形成する生態系とはいったい何なのか。それがこの先どのように進化していくのかということをわかりやすく読み解く上で、本書はまたとないテキストであると言えるだろう。

（ジャーナリスト・評論家）

参考文献

青木保『日本文化論の変容』中央公論新社、一九九〇年。

東浩紀『動物化するポストモダン』講談社現代新書、二〇〇一年。

東浩紀「サイバースペースはなぜそう呼ばれるか」『情報環境論集』講談社、二〇〇七年、所収。

東浩紀「情報自由論」『情報環境論集』講談社、二〇〇七年、所収。

東浩紀『ゲーム的リアリズムの誕生』講談社現代新書、二〇〇七年。

東浩紀＋濱野智史監修、国際大学グローバル・コミュニケーション・センター東浩紀研究室制作「情報社会を理解するためのキーワード20」東浩紀『情報環境論集』講談社、二〇〇七年、所収。

ベネディクト・アンダーソン『想像の共同体』ＮＴＴ出版、増補版、一九九七年。

マルコ・イアンシティ＋ロイ・レビーン『キーストーン戦略』翔泳社、二〇〇七年。

池田信夫『ハイエク』ＰＨＰ新書、二〇〇八年。

梅田望夫『ウェブ進化論』ちくま新書、二〇〇六年。

荻上チキ『ウェブ炎上』ちくま新書、二〇〇七年。

金子勇『Winny の技術』アスキー、二〇〇五年。

柄谷行人『隠喩としての建築』（『定本柄谷行人集・第二巻』）岩波書店、二〇〇四年。

北田暁大『広告都市・東京』廣済堂出版、二〇〇二年。

北田暁大『〈意味〉への抗い』せりか書房、二〇〇四年。

北田暁大『嗤う日本の「ナショナリズム」』ＮＨＫブックス、二〇〇五年。

木村忠正『ネットワーク・リアリティ』岩波書店、二〇〇四年。

ダン・ギルモア『ブログ――世界を変える個人メディア』朝日新聞社、二〇〇五年。

キム・クラーク＋カーリス・ボールドウィン『デザイン・ルール』東洋経済新報社、二〇〇四年。

ドン・コーエン＋ローレンス・プルサック『人と人の「つながり」に投資する企業』ダイヤモンド社、二〇〇三年。

國領二郎『オープン・アーキテクチャ戦略』ダイヤモンド社、一九九九年。

佐々木裕一「オンライン・コミュニティにおける2つの二層構造――RAMとROM、そして価値観とアーキテクチャ」『組織科学』第四一巻第一号、二〇〇七年。

佐々木俊尚『グーグル』文春新書、二〇〇六年。

佐々木俊尚『インフォコモンズ』講談社、二〇〇八年。

佐藤俊樹『ノイマンの夢・近代の欲望』講談社選書メチエ、一九九六年。

佐藤俊樹『00年代の格差ゲーム』中央公論新社、二〇〇二年。

ジョナサン・ジットレイン（Jonathan Zittrain）, The Future of the Internet and How to Stop It, Yale University Press, 2008.

鈴木謙介『暴走するインターネット』イースト・プレス、二〇〇二年。

鈴木謙介「その先のインターネット社会」、宮台真司＋鈴木弘輝編著『21世紀の現実』ミネルヴァ書房、二〇〇四年、所収。

ジェームズ・スロウィッキー『「みんなの意見」は案外正しい』角川書店、二〇〇六年。

ドン・タプスコット＋アンソニー・D・ウィリアムズ『ウィキノミクス』日経BP社、二〇〇七年。

マイケル・S‐Y・チウェ『儀式は何の役に立つか』新曜社、二〇〇三年。

津田大介『だからWinMXはやめられない』インプレス、二〇〇三年。

土井隆義『友だち地獄』ちくま新書、二〇〇八年。

リチャード・ドーキンス『利己的な遺伝子』紀伊國屋書店、増補新装版、二〇〇六年。

中島聡『おもてなしの経営学』アスキー新書、二〇〇八年。

中野独人『電車男』新潮社、二〇〇四年。

西垣通『ウェブ社会をどう生きるか』岩波新書、二〇〇七年。

西田圭介『Googleを支える技術』技術評論社、二〇〇八年。

西村博之『2ちゃんねるはなぜ潰れないのか?』扶桑社新書、二〇〇七年。

フリードリヒ・A・フォン・ハイエク「社会における知識の利用」『市場・知識・自由』ミネルヴァ書房、一九八六年、所収。

ジョン・バッテル『ザ・サーチ』日経BP社、二〇〇五年。

藤本隆宏『生産システムの進化論』有斐閣、一九九七年。

藤本隆宏『能力構築競争』中公新書、二〇〇三年。

ヴァネヴァー・ブッシュ"As We May Think"西垣通編著『思想としてのパソコン』NTT出版、一九九七年、所収。

古瀬幸広+廣瀬克哉『インターネットが変える世界』岩波新書、一九九六年。

ルース・ベネディクト『菊と刀』講談社学術文庫、二〇〇五年。

ヨハイ・ベンクラー（Yohai Benkler）, The Wealth of Networks, Yale University Press, 2007.

ヴァルター・ベンヤミン「複製技術時代の芸術作品」多木浩二『ベンヤミン「複製技術時代の芸術作品」精読』岩波現代文庫、二〇〇〇年、所収。

本田透『なぜケータイ小説は売れるのか』ソフトバンク新書、二〇〇八年。

正高信男『ケータイを持ったサル』中公新書、二〇〇三年。

増田聡「データベース、パクリ、初音ミク」東浩紀+北田暁大編『思想地図』NHK出版、二〇〇八年、所収。

カール・マルクス＋フリードリヒ・エンゲルス『ドイツ・イデオロギー』合同出版、一九六六年。

美嘉『恋空』（上下巻）スターツ出版、二〇〇六年。

宮台真司『権力の予期理論』勁草書房、一九八九年。

宮台真司＋大塚明子＋石原英樹『サブカルチャー神話解体』PARCO出版、一九九三年。

宮台真司＋鈴木弘輝＋堀内進之介『幸福論』NHKブックス、二〇〇七年。

ジェフリー・ムーア『キャズム』翔泳社、二〇〇二年。

村井純『インターネット』岩波新書、一九九五年。

安田雪『人脈づくりの科学』日本経済新聞社、二〇〇四年。

山形浩生『要するに』河出文庫、二〇〇八年。

山岸俊男『信頼の構造』東京大学出版会、一九九八年。

山岸俊男『安心社会から信頼社会へ』中公新書、一九九九年。

山岸俊男『心でっかちな日本人』日本経済新聞社、二〇〇二年。

山岸俊男『日本の「安心」はなぜ、消えたのか』集英社インターナショナル、二〇〇八年。

吉田純『インターネット空間の社会学』世界思想社、二〇〇〇年。

ハワード・ラインゴールド『スマートモブズ』NTT出版、二〇〇三年。

エリック・スティーブン・レイモンド『伽藍とバザール』光芒社、一九九九年。

ローレンス・レッシグ『CODE』翔泳社、二〇〇一年。

ローレンス・レッシグ『コモンズ』翔泳社、二〇〇二年。

ブレンダ・ローレル『劇場としてのコンピュータ』トッパン、一九九二年。

ま

や

ら

た

な

は

さ

か

項目

索引

人名

あ

か

さ

た

な

本書は二〇〇八年十月三十一日、ＮＴＴ出版より刊行された。

ちくま文庫

アーキテクチャの生態系《せいたいけい》
——情報環境《じょうほうかんきょう》はいかに設計《せっけい》されてきたか

二〇一五年 七月十日 第一刷発行
二〇二二年 一月二十日 第二刷発行

著　者 濱野智史（はまの・さとし）

発行者 喜入冬子
発行所 株式会社 筑摩書房
東京都台東区蔵前二―五―三 〒一一一―八七五五
電話番号 〇三―五六八七―二六〇一（代表）

装幀者 安野光雅
印刷所 株式会社加藤文明社
製本所 株式会社積信堂

ISBN978-4-480-43183-7 C0195